物理学
与传统文化

◎ 熊万杰 编著

Physics
and
Traditional
Culture

科学出版社

北京

图书在版编目(CIP)数据

物理学与传统文化 / 熊万杰编著. —北京：科学出版社，2017.8
ISBN 978-7-03-052617-5

Ⅰ.①物⋯　Ⅱ.①熊⋯　Ⅲ.①物理学–普及读物　Ⅳ.①O4-49

中国版本图书馆 CIP 数据核字（2017）第086896号

责任编辑：张　莉　程　凤 / 责任校对：何艳萍
责任印制：赵　博 / 封面设计：有道文化
编辑部电话：010-64035853
E-mail:houjunlin@mail.sciencep.com

科学出版社 出版
北京东黄城根北街16号
邮政编码：100717
http://www.sciencep.com
天津市新科印刷有限公司印刷
科学出版社发行　各地新华书店经销
*
2017 年 8 月第　一　版　开本：720×1000　1/16
2025 年 2 月第五次印刷　印张：15
字数：260 000
定价：58.00元
（如有印装质量问题，我社负责调换）

前 言
PREFACE

　　作为人类文明的重要组成部分，中华传统文化源远流长、博大精深。古人不仅在文学创作上华章迭出、精彩纷呈，对自然现象的记录与认识也是卷帙浩繁、哲思泉涌。本书从科普的角度，收集、整理、分析、探索中华传统文化中的物理学知识与方法，试图用浅显易懂的语言、喜闻乐见的方式展现传统文化的科学内涵，以达"以文化人、以物理人"之目的。

　　之所以选择这个主题，一是因为这是笔者的兴趣所在，二是因为考虑到了如下两个方面的问题。

　　首先，科学与人文密不可分，相异互补，人文中含有科学的基础与珍璞，科学中蕴藏人文的精神与内涵。科学与人文是社会发展进步的两大支柱，缺一不可。物理学是自然科学的基础学科，而传统文化具有突出的人文特征，物理学与传统文化都对自然现象和人类生活实践进行思考和分析，都对社会的进步和发展产生积极作用，两者之间没有一道不可逾越的鸿沟。从物理学的角度审视传统文化，有助于拓展认识，促进传承和创新；从传统文化的角度理解物理学，有助于化抽象为形象、化兴味索然为兴趣盎然，从而提升物理学的普及程度，进一步培养公民的科学素质。

　　其次，科技创新呼唤文理兼通的高素质人才。从人的左右脑平衡开发的角度来讲，科学需要左脑来开展理性思维和逻辑思维，文化需要右脑来进行感性思维和形象思维，逻辑思维有利于保证思维的正确性，形象思维有利于激发思维的原创能力。左右脑的相互沟通意味着把逻辑思维和形象思维更好地融合起来，这有助于唤醒创造的潜能。因此，开展融合传统文化与物理学的科普教育，有助于培养人的学习能力、语言表达能力和分析解决问题的能力，并帮助人们在认识上跨越人文科学与自然科学的知识鸿沟，开阔视野，实现全面发展。

基于上述认识，本书在收集和挖掘资料过程中，一是收集和整理古代典籍、古代器物、现存生产工艺，以及诗词、成语和谚语中的物理学知识；二是从现代科学的角度审视和解读中华传统文化，发掘其中的精华部分，遴选可用来阐释物理学知识和方法的传统文化内容。

本书的写作，以物理学中的力、热、电磁、光等模块为架构，并增设"传统文化与物理学方法"一章展开叙述。但是作为科普图书，本书没有追求每一个模块中物理学知识的逻辑性，而是比较注重传统文化与物理学的衔接，追求文学性、科学性与趣味性的和谐统一。每一个主题大致都是从"传统文化赏析"、"物理学原理（方法）"及"实践与应用"三个方面来展开的。本书在不失科学性的前提下尽量做到用语通俗平实，尽量不使用公式，而是多用图辅助讲解。

本书是广东省科技计划科普创新领域"中华传统文化中的物理学知识和思想探析"项目（编号：2016A070712014）的研究成果。在书稿酝酿和编写过程中，得到了南京师范大学陆建隆教授的帮助和指导，以及华南农业大学徐初东、郭子政、戴占海、王先菊、刘军、谭诚臣等老师的支持与鼓励。两校的潘梓斌、梁佩妍、胡雨宸、陈怡、蒋霖峰、窦林、张一驰、郑康、朱坚峰、黄杰、钱城、王周华、陈海钏等同学参与了资料搜集与整理工作。此外，笔者非常荣幸地邀请到资深画家罗苍诗先生手绘了部分插图，这些精美插图从另外一个侧面展现了传统文化的魅力，为本书增色不少。湖北监利新教育实验学校宋全胜老师阅读了书稿，并就其中涉及的科普问题与笔者进行了探讨。在此一并表示感谢。

本书写作可循先例很少，笔者几易其稿，且每一稿较上一稿都改动较大，终稿较初稿可谓"面目全非"。尽管笔者积累了大量文化素材，且为本书的写作付出了巨大努力，但这些相对于中华传统文化的浩如烟海和物理学的博大精深而言，终究还是微不足道的。由于笔者的能力和精力有限，本书不足之处在所难免，恳请广大读者提出宝贵意见和建议。

熊万杰

2017 年 3 月 20 日

目录
CONTENTS

第一章
传统文化与力学

　　力学知识起源于对自然现象的观察和生产劳动。中国古代人民就有丰富的力学知识，这从《墨经》《考工记》《梦溪笔谈》《天工开物》等古代科技典籍的记载中可见一斑。另外，古代的一些文学作品，如诗词、散文等也是反映社会生活的载体，饱含丰富的想象与情感，但这些无不根植于对景色和自然现象的描写，这种描写渗透了对力学知识的认识和理解。

　　概而言之，传统文化的发展，离不开客观的物理学现象。从物理学的视角分析传统文化的内涵，可以使我们更加深刻地体会到传统文化的魅力。下面就让我们跟随传统文化的脚步，在享受文化艺术的同时感悟力学。

第一节　传统文化与参考系

一、传统文化赏析

唐朝浪漫主义诗人李白（701—762）是中国诗歌史上最为耀眼的明珠之一，有"诗仙"之称。他善于在诗中灵活运用想象、夸张、比喻、拟人等手法，营造出神奇异彩、瑰丽动人的意境。他的诗既豪迈奔放、气势磅礴，又清新飘逸、自然明快，已臻极境，对后代产生了极为深远的影响。李白深受道家思想影响，崇尚"自然无为""返璞归真"。他生活在盛唐时期，性格豪迈，热爱祖国山河，游踪遍及大江南北，写出了大量赞美名山大川的壮丽诗篇。比如下面这首《望天门山》，就用简短的字句呈现出一幅壮丽美景：

> 天门中断楚江开，
>
> 碧水东流至此回。
>
> 两岸青山相对出，
>
> 孤帆一片日边来。

这首诗原意是：天门山被长江从中一分为二，碧绿的江水向东流到这儿突然转了个弯儿，向北流去。两岸的青山相互对峙，两座山扑入眼帘。一只小船从水天相接的远处悠然驶来，好似来自天边。读到这里，人们不由地赞叹李白就像是一个天才的摄影师，他以自己的视角，展现了"人在画中游"的美好情境。尤其是后两句诗，让我们体会到一幅动态的画面：李白正站在船头仰望眼前的美景，当船慢慢靠近山时，他发现似乎有两座庞大的山挤压过来，而且远处的一只小船也慢慢驶过来。这里，山和远处的小船向人"靠近"，实质上是相对人而言，山和小船的位置随时间的变化而变化了。我们描述一个物体的运动，首先要选定某个物体作参考，观察物体相对于参考物体的位置随时间的变化，这个参考物体就是参考系。按《望天门山》的意境，李白所乘坐的船向山慢慢靠近，当他在仰望山时，会无意地以自己为参考系；又因与山、远处的小船的相对位置发生变化，所以李白会产生山和远处的小船向自己靠近的感觉。很明显，在岸边的人看来，若是以山为参考系，则是李白及其所乘坐的船在运动（图 1-1）。

图 1-1　天门中断楚江开

无独有偶，中华传统文化中有很多描述有意或无意地渗透了"运动是相对的"的概念，这就不可避免地涉及参考系概念了。较早的如东汉时期的著作《尚书纬·考灵曜》中记载的："地恒动不止而人不知，譬如人在大舟中，闭牖而坐，舟行不觉也。"其意为：地球在不停地运动，而人却感觉不到，这就好比人在一艘大船里闭窗而坐，船在行驶而人无法察觉。这句话充分反映了运动与参考系的关系，要确定物体的运动必须要有参考系，人坐在地上以地面为参考系，人是静止的，如同人在封闭的船舱里以船舱壁为参考系感觉不到船的运动。

又如唐朝词作《摊破浣溪沙·五里滩头风欲平》：

> 五里滩头风欲平，
>
> 张帆举棹觉船轻。
>
> 柔橹不施停却棹，
>
> 是船行。
>
> 满眼风波多闪灼，
>
> 看山却似走来迎。
>
> 子细看山山不动，
>
> 是船行。

这首词的意思是：船夫经过一场与狂风恶浪的搏斗到了五里滩，逆风和旋风的风势将要平息，大家得以扯起帆来，此时再举桨摇船觉得轻松、省力不少。于是既不使用划板、也停止摇桨，让船自己前行。这种情况下，船夫们心情舒畅，不由得欣赏起周围的景色。微风轻拂，河面波光粼粼，两岸的山似乎迎面而来欢迎大家，但定睛一看，山并没有运动，只是船在航行罢了。这是一首出自甘肃敦煌莫高窟藏经洞的民间抒情小词，这首词事实上在船夫驾驶帆船前进的情景中描述了运动的相对性，即运动状态与参考系的选取有关：船夫先是以水面为参考系得出"船在行驶"的判断，接着又以船为参考系得出"山在动"的结论，待仔细观察后发现"山未动而船在动"，这时的参考系已然转化为山。

事实上，很多古诗词给我们展现的都是一幅动态的美景，通过描写物体的相对运动，让我们有种身临其境的感觉，这也跟参考系的选取有关。

北宋词人张先（990—1078）的《天仙子·水调数声持酒听》中的"沙上并禽池上暝，云破月来花弄影"，后句前半段写月亮破云而出，后半段描述花在忽明忽暗的月光下形成的影子摇曳不定。其中"月来"以云为参考系观察月亮，"花弄影"所选的参考系则又变成了地面。诗人从生活经验出发，通过变换参考系，写出了既自然美妙又有物理学情趣的优美诗句。

宋代著名词人柳永（约984—约1053）是婉约派的代表人物，他善于将男女之间的思念之情写得缠绵悱恻、令人动容。在其名作《蝶恋花·伫倚危楼风细细》中这样写道："衣带渐宽终不悔，为伊消得人憔悴。"原意是说：为了她，自己变得消瘦与憔悴，衣服变得越来越宽松也不后悔。衣带为何渐宽？原因在于人憔悴了。若从物理学的视角去分析，以人为参考系，衣带变宽松了；以衣带为参考系，则是人变瘦了！孰是孰非，一目了然啊！

再如，清朝诗人孙原湘（1760—1829）的《西陵峡》：

> 一滩声过一滩催，
>
> 一日舟行几百回。
>
> 郢树碧从帆底尽，
>
> 楚台青向橹前来。

郢（yǐng）是中国古代楚国的都城，在今湖北省荆州市境内，现在长江大学文理学院门前的那条道路，就叫作郢都路。这里的"郢树"与"楚台"对仗工整，都是指西陵峡岸边的景物。诗人以自己所坐的船为参考系，把江边的树描绘成从帆底退去，把面前的楚台描述成扑向船橹（lǔ）一样。正是诗人以船为参考系，才有了动、静物体颠倒过来的感觉。这样既写出了船行至西陵峡诗人独特的感受，又给读者以新奇的印象。

毛泽东（1893—1976）主席在《七律二首·送瘟神》中写道："坐地日行八万里，巡天遥看一千河。"其中描述的现象可是很有科学根据的。若以地面为参考系，人坐在地面上，因为处于静止状态，所运行的距离是零；若以地轴为参考系，因为地球在自转（地球绕地轴做圆周运动），那坐在地面上的人就是在运动了。赤道附近地球的直径约为 12 756 千米，赤道周长约为 40 075 千米，为 8 万多里。坐在赤道上某一点不动，地球转一圈（即一天时间）就是 8 万里。因此说"坐地日行八万里"所描述的就是一个科学事实。

其实参考系原理不仅仅教会我们理性地看待客观现象，也教会我们许多道理，如《吕氏春秋·察今》中的"刻舟求剑"（图 1-2）的故事。船在行驶过程中，一个楚国人的宝剑不慎坠入江中，但他一点儿也不着急，只是在船舷上刻了一个记号，试图标记宝剑掉落的地点，待船靠岸后再根据此记号来打捞。这则短小有趣、言简意赅的寓言其人文意义在于告诫人们不能片面、静止、狭隘地看待问题，其科学意义在于启示人们要选择合适的参考系——以岸为参考系当能定位剑的下沉处，而剑掉落江中后船相对于剑在运动，以船为参考系难以正确标记剑的方位。

图 1-2　刻舟求剑

二、物理学原理

自然界中所有的物体都在不停地运动，绝对静止的物体是没有的，在观察一个物体的位置及位置的变化时，总要涉及和其他物体的相互关系，所以要选取其他物体作为标准。选取的标准物不同，对物体运动情况的描述也就不同。不同的描述反映了物体之间的不同关系，这就是运动的相对性。为了描述物体的运动而选的标准物就叫作参考系。参考系的选择是任意的，但不同的参考系对同一物理运动状况的描述是不同的。因此在讲述物体的运动状况时，必须指明对什么参考系而言。通常按照问题的实际情况选取适当的参考系，如当"神舟十一号"飞船从地球表面发射升空时，宜选用地球作参考系；当"嫦娥三号"月球探测器成为绕月球运动的人造卫星时，宜选用月球作参考系。为了定量描述物体的位置，需要在参考系中设置坐标系，简称参考坐标系。在物理学中，为了能对物体运动作定量描述，常直接引用参考坐标系。

三、实践与应用

在无风的日子，从飞机上往地面投掷物体，飞机上的人看到物体沿直线下落，而地面上的人看到物体是沿曲线下落的，这就是不同参考系所产生的不同效应。很明显，飞机上的人和地面上的人分别以飞机和地面为参考系来观察被投掷物体的运动，从而得到了完全不同的结论。

有没有参考系是绝对静止的呢？答案是，没有！绝对静止的参考系是不存在的，自然界所有惯性参考系是平权的，就是说没有哪一个参考系比其他参考系更特殊。但是 110 多年前，人们可不这么认为。当时人们认为宇宙空间存在一种绝对静止的参考系——以太，以太无所不在，没有质量，绝对静止。以太充满整个宇宙，光可在其中传播。太阳光照射到地球，光的速度是多少呢？假设太阳静止在以太系中，由于地球在围绕太阳公转，相当于"以太风"以速率 v 向地球吹来，当"以太风"的方向与阳光传至地球的传播方向一致或相反时，地球上光速分别达到最大 $c+v$ 和最小 $c-v$，如此分析，一天中不同的时刻在地球上同一位置测量的光速是不一样的，或者同一时刻在地球上不同位置测量的光速也是不一样的。如果光是地球上的光源发出来的，该光源相对于以太有一个速度，该速度与光相对于光源的速度合成即光在以太中的传播速度。若改变光源的方位，一束光相对于光源的方向发生变化，它相对于以太的速度也随之改变。但是，1881～1884 年，两位美国科学家迈克耳孙（A. A. Michelson，1852—1931）和莫雷（E. Morley，1838—1923）为测量地球和以太的相对速度，进行了著名的迈克耳孙－莫雷实验。实验结果显示，不同方向上的光速没有差异。这实际上说明以太并不存在。后来又有许多实验支持了这一结论。而且根据麦克斯韦方程组分析，光的传播不需要一个"绝对静止"的参考系，因为该方程里的电容率和磁导率都是无方向的标量，所以在任何参考系里光速都是不变的。爱因斯坦（A. Einstein，1879—1955）大胆抛弃了以太学说，认为光速不变是基本的原理，并以此为出发点之一创立了狭义相对论。

第二节　传统文化与力的概念

一、传统文化赏析

中国古代的历史人物中，项羽（前 232—前 202 年）是非常特殊的一位。作为反秦义军的领袖，他可谓卓绝超群，气盖一世。起初，他从江东率四十万大军，所向无敌，威震天下，名联"有志者事竟成，破釜沉舟，百二秦关终属楚；苦心人天不负，卧薪尝胆，三千越甲可吞吴"的上联就生动描述了项羽率楚军伐秦取得的辉煌战绩。但是，楚汉之争，项羽损兵折将、日渐式微，最终在垓下[①]陷入汉军的重重包围之中，到了山穷水尽的地步。项羽看着即将永别的爱妃虞姬，望着心爱的骏马，忍不住唱出了慷慨悲壮的《垓下歌》：

> 力拔山兮气盖世，
>
> 时不利兮骓不逝。
>
> 骓不逝兮可奈何，
>
> 虞兮虞兮奈若何！

意思是：力气大到可以拔起大山，豪气冲天，世上无人能比。但时局对我不利啊，乌骓马跑不起来了。乌骓马跑不动啊，我该怎么办？虞姬啊！虞姬啊！我又该把你怎么办？

图 1-3　垓下歌

项羽唱出的这支歌，既有对自己辉煌岁月的回首，也有对兴亡盛衰的无尽感慨，更有对兵败而回天乏术的无限悲伤。在这之后，项羽率部突围，虽杀敌众多，终因兵力单薄，自刎于乌江[②]。这首歌，豪情壮志与失败悲情交织，传唱千古。唐代诗人杜牧（803—约852）在《题乌江亭》中表达了对项羽的惋惜之情："胜败兵家事不期，包羞忍耻是男儿。江东子弟多才俊，卷土重来未可知。"宋代词人李清照（1084—1155）在《夏日绝句》中评论道："生当作人

①　垓（gāi）下，在今安徽省灵璧县南沱河北岸。
②　今安徽和县东北。

杰，死亦为鬼雄。至今思项羽，不肯过江东。"

《垓下歌》中的"力"是指"力量""力气"，这与我们今天日常生活中对"力"的理解是一致的。但是物理学中的"力"，则是指两个物体间的相互作用。这里的"力量"在物理学中就是力的三要素之———力的大小（另外两要素为力的作用点和力的方向）。而力的相互作用属性，从战国末期法家代表人物韩非子（约前280—前233）的著作《韩非子·功名》中的一段话可见一斑："人主之患在莫之应，故曰：一手独拍，虽疾无声。"此即成语"孤掌难鸣"的出处，意思是君主的担忧是没有人响应，所以说，一只手单独拍出去，虽然很快，但发不出声音来。一个巴掌拍不响，比喻力量孤单、难以成事。从物理学来看，这实际上从反面说明了"力"来自于两个物体之间的相互联系、相互影响，不同的物体对对方产生力的效应。若不考虑空气的影响，这里"孤掌"是单个物体，没有受力物体，也就没有力的作用效果，因此不会发出鸣响。

至于力与运动的关系，《墨经》中有所描述。春秋末期战国初期，墨家学派创始人墨翟（dí）（约前468—前376）的弟子搜集他的言行史料，整理形成了《墨子》一书。《墨经》便是《墨子》中的部分内容。《墨经》大约成书于公元前388年，分为《经上》《经下》《经说上》《经说下》《大取》《小取》6篇，前两篇以描述现象为主，第三、第四篇主要解释前两篇所描述的现象，后两篇分别讲兼爱的"大道"以及推行这个"大道"的论辩术。墨家认为："力，刑之所以奋也。"这里的"刑"是通假字，通"形"，即"形体"的意思。"奋"一词有丰富的内涵，在这里指的是自然界中的各种"变化着的运动"，比如小鸟翅膀的来回振动、快马跃起、箭的离弦等。奋的古字为"奮"，是一个会意字，其中间是"隹"（鸟），表示鸟振翅欲飞，下面是"田"，表示空旷的田野。因此，"奋"的本义指鸟类振羽展翅。《易·豫》中有"雷出地奋"之说，《广雅》则释为"奋，动也"，因此"奋"又可引申为运动。而且细细推究，这种运动并不是一成不变的，其状态从无到有并不断变化。综上所述，"力，刑之所以奋也"这句话的意思是说，力，是物体运动之产生或运动状态发生变化的根源。这与现代物理学中力的定义基本一致。

轻和重能够明显地为人们所感知，而重力是力的一种，墨家又以举重为例加以阐明。《经说》指出："力，重之谓。下、与，重奋也。"这里的"下"是

图 1-4 力，刑之所以奋也

指物体下坠，"与"是举物向上。整句话的意思是：物体的重量是力的一种表现，物体下落、上举，都是重力起作用的运动。关于"重"，《经说下》又指出："凡重，上弗挈，下弗收，旁弗劫，则下直。"意思是说：凡是重物，若不上提，又下无支撑，且不往旁推，那么必往下直落。由此可见墨家把力和物体运动的原因联系起来，基本认识到了力是改变物体运动状态的原因。这在 2000多年以前是一个非常了不起的认识。

力又分内力和外力，一个系统的内力对该系统没有作用效果。《韩非子·观行》篇中记载："有乌获之劲，而不得人助，不能自举。"乌获，据说是战国时期秦武王所推崇的大力士，能举千钧之鼎。即便有如此力气，他也不能将自己举离地面。与之类似，东汉唯物主义哲学家王充（27—约97）在《论衡·效力篇》中指出：

力重不能自称，须人及举。而莫之助，抱其盛高之力，窜于闾巷之深，何时得达？奡、育，古之多力者，身能负荷千钧，手能决角伸钩，使之自举，不能离地。

奡（ào）、育（即夏育）两人都是传说中的大力士。这段话从人文角度来说，是说个人再有智慧、能力再强，若无他人帮助和举荐，仍然难以腾达。从物理学角度来说，力气再大的人也不能将自己举起来，需要他人用力自己才能被举起。自古以来的大力士，即使能够背动千钧的重物，手能折断牛角、拉直铁钩，却不能将自己举离地面。当人作为一个系统时，他对自己的作用力属于内力，施力物体和受力物体都是自己，因此内力对本系统没有作用效果。

二、物理学原理

力是物体之间的相互作用，即物体对物体的作用，力不能脱离物体而单独存在，必须既有施力物体，又有受力物体。两个不直接接触的物体之间也可能产生力的作用，如两个相隔一定距离的静止电荷，它们彼此之间并未接触，但是存在电场力。这是因为这两个电荷分别激发电场，一个电荷处在另一个电荷所激发的场中，它们通过场来实现相互作用。运动着的电荷之间的相互作用则是通过磁场来传递作用。同样，地球发出一个重力场，物体处在重力场中受到的力叫重力。

任何物体，只要没有外力改变它的状态，便会永远保持静止或匀速直线运动的状态，这就是牛顿第一定律。物体保持静止或匀速直线运动状态的这种特性，叫作惯性。质量是惯性的量度，一个物体质量越大，惯性也越大，其运动状态越难以改变。因此，牛顿第一定律也称惯性定律。反之，如果物体的运动状态发生了改变，那一定是受到了力的作用，换言之，力是运动状态改变的原因。

经典物理学的开端，除了实验取代辩论作为研究方法，能够引入数学作为物理学语言对物理学现象进行定量描述应该也是重要的标志之一。既然力是运动状态改变的原因，那这两者之间有什么定量关系？牛顿第二定律作出了回答：$F=ma$，即物体所受的合外力与其自身质量成正比，与物体运动的加速度成正比，这就是著名的牛顿第二定律。它反映了力的瞬时性，也就是说，一旦一个物体受到合外力的作用，与此同时该物体就具有了加速度，没有丝毫延迟。力对时间的累积，也就是说力作用在物体上并保持一段时间，就构成了冲量。在一段时间内，物体的冲量等于物体动量的增量。力对空间的累积，或者说力作用在物体上并使之在力的方向上运动一段距离，该力与距离的乘积，就是力对物体所做的功。对于物体而言，力对其所做的功等于其动能的增量。牛顿第二定律将力和运动状态之间的关系进行了定量的描述。

既然力是两个物体间的相互作用，那么两个物体甲和乙就相互为施力物体和受力物体，若乙对甲施加作用力，则甲对乙有反作用力；若甲对乙施加作用力，则乙对甲有反作用力。牛顿第三定律认为，作用力和反作用力大小相等，方向相反。如图 1-5 所示，绳对物块有作用力 F'_N，反之，物块对绳也有反作用力 F_N，这两个力大小相等，方向相反，但作用点不同。

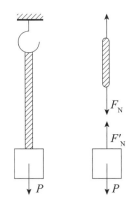

图 1-5　作用力与反作用力

三、实践与应用

在拔河比赛中（图 1-6），若是瘦弱的男子和粗壮的大力士拔河，绳子两端所受的力也应大小相等、方向相反。若两人之间没有绳子，直接手拉手比赛，他们彼此之间施加的力是一对作用力和反作用力，按照牛顿第三定律，必然大小相等、方向相反。现在尽管两人是通过一根绳子来拔河的，但与人体相

图 1-6　拔河

比绳子的质量往往可以忽略，绳子两端所受的力也是大小相等、方向相反。换言之，两人对绳子都施加了相同大小的作用力。那么拔河的胜负是怎么区分的呢？原来，地面对人体的作用力的大小决定了胜负：以拔河比赛中的一方为研究对象，在水平方向上他受到了地面对他的作用力和绳子对他的拉力，在绳子拉力大小相同的情况下，哪一方受到的地面作用力大，哪一方就能胜出。而地面对人体的作用力，其大小正是人体对地面的作用力，力气大的人，该作用力更大。

　　下面我们讨论一下大家熟悉的风。风是冷热气压分布不均匀而产生的空气流动现象，也是气象学中常说的空气相对于地面的水平运动。成语"风吹草动"、诗句"风吹草低见牛羊"都说明在风的作用下，草动了。施力物体是形成风的流动空气，受力物体是草，力的作用效果是使草的运动状态发生改变。一旦有力的作用，就有反作用力，它们会相互作用。流动的空气对草有作用，草对空气也有反作用，只不过这种反作用对于一定强度的风而言效果并不明显。如果风的前面是一片防护林，那这片防护林对风的反作用效果就会明显很多——风的强度会降低。

　　上面讲的是整体而言强度不大的风，自然界还有一种强度很大的风，叫飓（jù）风。一般而言，是由大西洋和北太平洋地区出现的强大的热带气旋形成的，最大风速达 32.7 米/秒，风力为 12 级以上。笔者在美国南达科他大学（University of South Dakota）开展学术交流期间，发现当地的房子尽管大多地面只有一两层（图 1-7），但是几乎每栋房子地下至少有一层，问之为何，原来是担心飓风将地上建筑吹走。一旦飓风来临，人们可以在房子的地下部分避灾，所谓"有备无患"即是如此。

图 1-7　美国南达科他州弗米利恩市一角

第三节 传统文化与杠杆原理

一、传统文化赏析

清代学者赵翼（1727—1814）的文学评论著作《瓯北诗话》选择唐宋以来的十多位优秀诗人的诗作加以评述，其中第五卷《苏东坡诗》中认为："坡诗不尚雄杰一派，其绝人处，在乎议论英爽，笔锋精锐，举重若轻，读之似不甚用力，而力已透十分。"这正是成语"举重若轻"的出处，其字面意思是，举起沉重的东西像是在摆弄轻的东西，比喻能力强，能够轻松地胜任繁重的工作或解决难题。从物理学来看，举重若轻是可以实现的，只要运用杠杆原理，就可以用很小的力量完成举起重物的任务。

传统文化中类似的描述还有不少，如"小小秤砣压千斤"。从文化上来分析，就是说细节决定成败，"小小秤砣"就是细节，或者说是事物的一些细微之处。细节有时候并不显眼，受到的关注很少，是次要问题，但是如果处理不好，忽视细节或细微之处，次要问题也会上升为主要问题，那就要"压千斤"了。从物理学上来分析，根据杠杆原理，如果"小小秤砣"与支点相距甚远，而"千斤"重物与支点相距很近，也就是说用力臂长度变化来补偿重量的巨大差距，两者达到力矩平衡是完全可能的。正如阿基米德所言——给我一个支点，我就能撬起整个地球。

说到秤砣，不得不提到早期中国民间日常所用的称重衡器——木杆秤（图1-8）。相传木杆秤早在秦朝统一度量衡之时就开始在民间使用，到南北朝时已经广泛应用。据民间传说，木杆秤是木匠之父鲁班（前507—前444）发明的，他根据北斗七星和南斗六星在杆秤上刻制13颗星花，定13两为一斤；秦始皇统一六国后，添加"福禄寿"三星，正好十六星，改一斤为16两。另一种说法是，木杆秤是范蠡（lǐ）（前536—前448）所制，他受桔槔（jié gāo）从井中汲水的启发，做成了以斧为砣的杠杆来称重；天空星宿的排列也给他带来灵感，他用南斗六星和北斗七星做标记，一颗星代表一两重；后又对商家寄予厚望，增添"福禄寿"三星以督促买卖公平，从而形成了16两为一斤的历

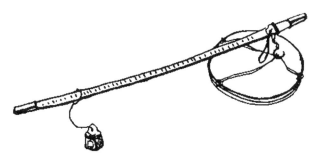

图 1-8　木杆秤

史惯例。直到 20 世纪 50 年代，国家实行度量衡单位改革，才把秤制统一改为 10 两一斤。

杆秤除了称重和度量的实用价值，有时候还被赋予公平正义的人文意义。例如，唐代诗人中与李商隐并称"小李杜"的杜牧曾在《早秋》中写道：

疏雨洗空旷，秋标惊意新。

大热去酷吏，清风来故人。

樽酒酌未酌，晚花颦不颦。

铢秤与缕雪，谁觉老陈陈？

本诗中，颦（pín），同"矉"，皱眉。铢，最小计量单位，二十四铢为一两。缕（lǚ），"缕雪"即雪缕，白色的丝线，这里指代高雅洁净的事物。陈陈，指陈年的粮食，泛指陈旧的东西。全诗大意为：疏雨潇潇，碧空如洗；秋之刚至，气象清新。炎热如酷吏离去，清风似故人来到。举杯欲饮，斟而未斟；晚花折皱，谢而未谢。早秋时节，粮食买卖和丝线贸易正当其时。这首诗的最后两句也可意译为：谁说公平正义和高雅洁净已是陈年旧事？这实质上暗喻着诗人对政治清明之期盼。

使用木杆秤时，根据被称物的轻重移动秤砣，使砣与物体在杆秤上保持平衡，即可测出物体的质量。具体而言，以提纽为支点，根据杠杆平衡原理，在两力矩相等的情况下，平衡时砣绳对应的杆秤上的星点读数，即被称物的质量。与之类似，上面所说的桔槔也是运用杠杆原理设计制造的：竖木支撑在一根横长杆的中间，横杆的一端用一根绳索与水桶相连，另一端绑上一块重石头（图 1-9）。汲水前人用手拉动绳索，水桶下落的同时后端的石头被高高抬起。装满水后，人放开绳索，石头下降，杠杆作用使人几乎不需要再用手牵拉绳索，就可将水桶提升上来，非常省力，大为减轻了人们提水的吃力程度。这种提水工具是中国古代社会的一种主要灌溉机械。

图 1-9　桔槔

此外，《墨经》中至少有三处提到杠杆原理。

第一处是："负，衡木，加重焉而不挠，极胜重也。右校交绳，无加焉而挠，极不胜重也。"这里的"负"指担负，实际上指桔槔中的横木杆，两端都有担负重量而不倾倒。"挠"指偏转，"极"指固定在杠杆一端的重物，"交绳"即杠杆的支点。整句话的意思是说：在杠杆的左端增加重量而不发生偏转，那是因为杠杆右端被固定的重物形成的转矩足以平衡左端增加重量后的新转矩。如果把支点移近右端，左端不增加重量而杠杆发生（逆时针）偏转，那是因为右端重物的转矩不能与左端的转矩相抗衡。

第二处是："衡，加重于其一旁，必捶。权重相若也相衡，则本短标长。两加焉，重相若，则标必下，标得权也。"这里，"衡"即平衡，实际上指将杠杆保持平衡，"捶"即垂，下垂之意。这段文字描述的对象类似今天的天平或杆秤，如图 1-10 所示，砝码或秤锤叫"权"，可以灵活移动；待测的重物为"重"，一般放在秤盘上；秤锤一边的力臂叫"标"，秤盘一边的力臂为"本"。整段话的意思是，杆秤处于平衡时，无论在秤锤一端还是在秤盘一端略加重量，杆秤立即会向增加重量的一端下垂。秤锤和待测的重物处于杆秤相应的位置时能获得平衡，那一定是秤盘一边的力臂短，秤锤一边的力臂长。假若再在两边增加相等的重量，那么秤锤这一端必定下垂，这是因为秤锤这一端获得了更大的权重，力矩过大了。

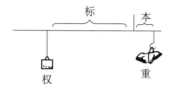

图 1-10 《墨经》中的杠杆原理

第三处是："挈，长重者下，轻短者上。上者愈得，下下者愈亡。"这里"挈"，提起的意思，实际上指将滑轮提起。"上"，向上运动。"得"，得到，这里指到达高处。"亡"，失去，这里指丧失高度。整段话的意思是说，（用滑轮）提物上升，滑轮的一端绳长而物重，向下运动；另一端绳短而物轻，向上运动。向上的那端越来越到达高处，向下的这端越来越下降到低处。

综上所述，墨家已经从支点的移动、物体重量的变化、力臂的改变等方面对杠杆的平衡理论与实用价值进行了讨论，虽然没有得出明确的定量关系，但是实际上提出了力学中"力矩"的概念。

二、物理学原理

当杠杆平衡时，作用在杠杆上的两个力矩（力与力臂的乘积）大小相等，即动力 × 动力臂＝阻力 × 阻力臂，用代数式表示为 $F_1 \times L_1 = F_2 \times L_2$，这就是杠杆平衡条件（图 1-11）。式中，$F_1$ 和 F_2 分别表示动力和阻力；L_1 和 L_2 分别表示动力臂和阻力臂。从上式可看出，要使杠杆达到平衡，动力臂是阻力臂的几倍，阻力就是动力的几倍。

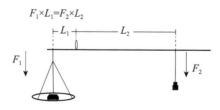

图 1-11 杠杆平衡条件

满足杠杆平衡条件，或者说动力矩等于阻力矩的杠杆称为平衡杠杆，其支点位于动力点和阻力点之间。当杠杆绕轴转动时，杠杆上各点均做圆弧运动，各点移动的速度同该点到轴心的距离成正比，即杠杆各点的转动速度，离轴心越远者越快，又称速度杠杆。速度杠杆一般并不满足杠杆平衡条件，它分为省力杠杆和费力杠杆两种。省力杠杆的动力矩小于阻力矩，其阻力点位于支点和动力点之间。由于动力臂大于阻力臂，要使动力矩小于阻力矩，则动力必然小于阻力，故省力。费力杠杆的动力矩大于阻力矩，动力点位于支点和阻力点之间。由于阻力臂大于动力臂，要使动力矩大于阻力矩，则动力必然大于阻力，故费力。

三、实践与运用

墨家运用杠杆原理完成了多项发明，如车梯（登高用的车子，用来提升重物）、连弩车（可同时放出弩箭六十支）、转射机（可在放箭的同时调转方向）、藉车（用来投射炭火）。尽管在制造作战武器上颇有建树，但墨家主张"兼爱非攻"。

杠杆原理在体育实践中起着重要作用。从力学的角度来说，肌肉工作是遵循杠杆原理的。运动系统中，骨是运动的杠杆，关节是运动的支点，骨骼肌是运动的动力。骨骼肌在神经系统的支配调节下，通过改变长度，牵拉骨杠杆围绕着关节进行各种运动。在举重运动中，当阻力一定时，可通过缩短阻力臂来减少阻力矩，从而达到省力的目的。例如，提拉杠铃时，若想省力，可使杠铃上升的轨迹尽量贴近身体。柔道运动是利用杠杆原理，借用人体本身重力实施足技、腰技、手技。足技就是以足为支点发力，借用对方惯性或自己的体重摔倒或压制对方。腰技也是如此，只不过发力的支点是腰。手技类似于擒拿法，即使对方比你高大有力，依然可以采用"化"的技巧，"四两拨千斤"，改变对手进攻用力的方向，在恰当的地方和时机利用杠杆原理发力，反作用于对手。在球类运动中，当杠杆转动角速度一定时，离转动中心越远处，线速度越大。在羽毛球、乒乓球、棒垒球、曲棍球、网球、冰球等运动中，球棒、球杆、球拍等都起着增长阻力臂的作用，达到加快球的运动速度的目的。在投掷类运动中，在做投掷或击打动作时，为了提高肢体末端的运动速度，应当尽量伸展肢体，增长阻力臂。[①]

如今，杠杆概念已经渗透到社会生活的许多方面，如"金融杠杆"。所谓

---

① 陈彩虹.论杠杆原理在体育实践中的应用.渭南师范学院学报，2011，26（6）：74-76.

金融杠杆其实是一个金融工具，使用这个工具，可以放大投资的效应，无论最终的结果是收益还是损失，都会以一个固定的比例增加。比如要投资一个项目，在对项目看好的前提下，进行融资。如果某人出 5 万元，然后融资 95 万元，就是用 5 万元撬动了 100 万元的投资，杠杆 20 倍。这里，可将 5 万元投资视为动力，将项目良好的盈利预期视为动力臂，将项目可能失败的风险视为阻力臂，因为动力臂是阻力臂的 19 倍，所以阻力（可视为融资额）是动力的 19 倍。融资额和投资额的总和是投资额的 20 倍。又如买房子时，向银行贷款后再来按揭还款。如果买一幢 100 万元的房子，首付是 20%，那就用了 5 倍的金融杠杆。又如，在棉花期货交易中，一手棉花是 5 吨，假设合约价格是 1 万元，只要付出合约的 5% 的价格即 500 元，就能拿到这一手交易单子。在持有期间，如果价格上涨至 1.1 万元，也就是涨幅为 10%。这时候卖出合约，赚到的钱是 1000 而非 50，收益放大了 20 倍。当然，反过来也成立，如果合约下降 10%，那亏损额不是 50 而是 1000，亏损额同样扩大了 20 倍。杠杆越大，赚钱效应和赔钱效应就越明显。

第四节　传统文化与功和能

一、传统文化欣赏

宋代大文豪苏轼（1037—1101）在文学艺术方面堪称全才，其诗清新豪放，善用夸张、比喻，独具风格；其词境界宏大、气势恢弘、崇尚直率，以豪放之势震烁词坛，对后代影响深远；其散文汪洋恣肆、明白畅达，为"唐宋八大家"之一；其书法用笔丰腴跌宕，有天真烂漫之趣；其画作大胆创新、充满张力，实谓画中有诗。《江城子·密州出猎》是苏轼于密州知州任上所作的一首词，此词表达了强国抗敌的政治主张，抒写了渴望报效朝廷的壮志豪情，全词如下。

老夫聊发少年狂，左牵黄，右擎苍，锦帽貂裘，千骑卷平冈。为报倾城随太守，亲射虎，看孙郎。

酒酣胸胆尚开张，鬓微霜，又何妨？持节云中，何日遣冯唐？会挽雕弓如满月，西北望，射天狼。

意思是说，我姑且抒发一下少年的豪情壮志，左手牵着黄犬，右臂擎着苍鹰，戴着华美艳丽的帽子，穿着貂皮做的衣服，带着上千骑的随从疾风般席卷平坦的山冈。为了报答满城的人跟随我出猎的盛情厚意，我要像孙权一样，亲自射杀猛虎。我痛饮美酒，心胸开阔，胆气更为豪壮，（虽然）两鬓微微发白，（但）这又有何妨？朝廷什么时候才能派人拿着符节来密州赦免我的罪呢？就像汉文帝派遣冯唐去云中郡赦免魏尚的罪。[①]那时我定当奋力拉开弓箭至满月之状，瞄准西北，承担卫国守边的重任（图1-12）。

图 1-12　苏轼密州出猎

苏轼不愧是豪放派词人的典型代表。这首词写得荡气回肠，虽不乏激愤之情，但气势恢弘，表达了苏轼的英雄主义情怀和杀敌报国的豪情，充满阳刚之美。词中的"会挽雕弓如满月，西北望，射天狼"一句，向人们展示了弓是一种可以实现能量转化的工具，可将势能转化为动能。"如满月"的弓，意味着具有非常大的弹性势能；"射天狼"说明射出去的箭威力很大，射程很远。古人已经意识到，弓拉得越满，箭飞出去的"劲儿"就越大。人拉弦，弦带动弓弯曲，弓产生了弹性形变，于是弓自身存储了大量的弹性势能，当扣动悬刀时，弓由于要恢复原状，带动弦向前收缩，使箭发射出去，于是箭有了速度，获得了动能，此过程便实现了能量由弹性势能到动能的转化。能量的转化是守恒的，若忽略摩擦阻力做功，有多少弹性势能就会转化为多少动能，产生多大的威力。因此，弓的形变越大，弹性势能越多，则转化成箭的动能也越多，威力越大，效果越好。

据考证，我国大约在两万八千年前就出现了弓箭，甲骨文中有对弓箭的记载，可以这样说，我国古代虽然没有明确提出"能量"的概念，但是与"能量"有关的记叙比比皆是。与弓类似，弩也能将弹性势能转化为箭的动能。弩是在弓的基础上发展演变而来的，它在弓上安装了弩臂和弩机装置，更为先进，威力更大，射程更远。汉代赵煜所撰的《吴越春秋》中记载："当是之时，诸侯相伐，兵刃交错，弓矢之威不能制服。琴氏乃横弓着臂，施机设枢，加之以力，然后诸侯可服。"这段话说明春秋时期的楚琴氏发明了弩。汉末刘熙所著的《释名·释兵》进一步解释道：

弩，怒也，有势怒也。其柄曰臂，似人臂也。钩弦者曰牙，似齿牙也。牙外曰郭，为牙之规郭也。下曰县刀，其形然也。合名之曰机，言如机之巧也，亦言如门户枢机，开合有节也。

这里"县"通"悬"。弩主要由弓、机、臂、弦等四部分组成（图1-13）：弓是前端横置的弯曲部分，一般使用多层木片制成，它前部的容弓孔便于固定弓的位置；机是位于尾端的一个匣子，匣内有用于挂弦的钩牙、用于瞄准的望山及类似于扳机的悬刀；臂连接弓与机，正面有一个放置箭镞的沟形矢道，使发射的箭能直线前进；弦一般由麻绳制成，系于弓的两端，用来将箭弹出。发射时，先将箭放在矢道上，把弦向后拉，挂在钩牙上。瞄准目标后，扣动悬刀，势能转化为动能，箭即射出。弩与弓相比，一是弓张弦后不能持久，弩则可以延时待机而发；二是弩机上有用于瞄准的器具，能够相对准确地射向目标。因此不论是射程还是威力，弩都远远超过早期的单弓。

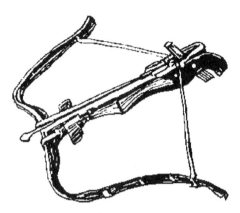

图 1-13　弩

　　在制造弩的过程中，为了使弩的威力更大，可以采用弹性良好的材料制作弓和弦，以便产生更大的形变，获得更多的弹性势能。当然，人在拉弓时必须将弓的形变控制在一定范围之内，不然会因形变过大而无法恢复原状，导致弩的损坏。无论是弓还是弩，射出去的箭都有一个射程，主要是摩擦力的作用使箭的机械能转化为热能。在箭运行的过程中力摩擦力一直做负功，积少成多，使箭的动能逐渐减少，箭的速度也会逐渐慢下来。正如《汉书·韩安国传》所言"冲风之衰，不能起毛羽；强弩之末，力不能入鲁缟"。意思是说即使是狂暴的烈风，刮过去后，最后的一丝微力，就连极轻的羽毛都吹不起来；即使是强弩射出的利箭，射到极远的地方，力量已尽时，就连极薄的鲁缟也射不穿了。

　　说完弹性势能，我们再来分析重力势能。唐代诗人杜甫有一首诗《登高》，是这样写的：

　　　　　　　风急天高猿啸哀，渚清沙白鸟飞回。

　　　　　　　无边落木萧萧下，不尽长江滚滚来。

　　　　　　　万里悲秋常作客，百年多病独登台。

　　　　　　　艰难苦恨繁霜鬓，潦倒新停浊酒杯。

　　这首诗是唐代宗大历二年（767）杜甫在夔州时所作。萧瑟的秋天，在诗人的笔下有声有色，由此引发出来的对人生之秋的感慨更是动人心弦。该诗的第三、第四句"无边落木萧萧下，不尽长江滚滚来"就说明了重力势能向动能的转化。无论是"落木"，还是"滚滚长江水"，都受到了重力的作用，而且又处在相对高处，因而有了较大的势能。"落木"之"下"，"长江水"之"来"，都是下降时重力势能转化为动能的过程（图1-14）。

图 1-14　登高

类似的诗词还有李白的《望庐山瀑布》："飞流直下三千尺，疑是银河落九天。"在重力作用下，水往下流，水的重力势能转化为磅礴的动能。又如王之涣的《凉州词》："黄河远上白云间，一片孤城万仞山。""白云间"形容黄河源头之高，拥有极大的重力势能。

势能是与相对位置有关的能量，成语"蓄势待发"中的"势"可理解为势能，势能需要"蓄"，怎么"蓄"呢？将物体放在相对高处就有了重力势能，将弹性物体拉至产生形变就具有了弹性势能。有了"势"，才能"发"，"发"就是将势能转化为动能的过程。

事实上，古人早已意识到重力势能的大小与两个因素有关：一是物体的质量；二是物体所处的相对位置。根据这种认识，古人发明了许多实用的技术，如东晋初年制造出的一种重型战舰——拍舰。这是一种装有拍竿的重型战舰，拍竿一般装在高大的楼船上，居高临下，砸击敌船。这种战舰后来成为唐宋时期重要的水战武器。拍竿处于高处具有势能，落下时势能转化为动能，拍竿因而获得了较快的速度，积累了很大的威力拍向敌方战舰。此外，在农业生产中，古人发明了水碓（duì），将水的势能转化为动能。如图 1-15 所示，水从高处流下冲击水轮使它转动，轴上的拨板臼拨动碓杆的梢，使碓头一起一落地进行舂（chōng）米。明代农学和农业机械学家王祯（1271—1368）在《农书·农器图谱集之十四》记载：

凡在流水岸旁，俱可设置。须度水势高下为之。如水下岸浅，当用陂栅；或平流，当用板木障水，俱使旁流急注，贴岸置轮，高可丈余，自下冲转，名曰"撩车碓"。若水高岸深，则为轮减小而阔，以板为级，上用木槽引水，直下射转轮板，名曰"斗碓"，又曰"鼓碓"。此随地所制，各趋其巧便也。

陂（bēi），水岸、水边之意。陂栅，指打入水岸遏挡水流下泄的排水桩，可蓄水使水位渐高。"度水势高下"，即计量水位落差，实则计算流水势能。根据测量的结果，加高水位或设置不同的水碓。文中记载了如何精心度量水势、设计水轮，这与近代拦河筑坝、设计水轮机以发电的情形很相似。

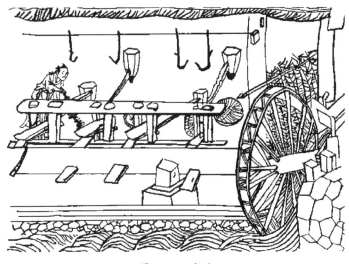

图 1-15　水碓

关于"功"的概念，北宋著名建筑学家李诫（1035—1110）在《营造法式》第十六卷中有叙述，如其中规定的"搬运功"这一单位工作量颇具物理意义。他写道：

诸舟船般载物（装卸在内），依下项：一去六十步外般物装船，每一百五十担（如粗重物一件及一百五十斤以上者减半）；一去三十步外掘土兼般运装船者每一百担（一去一十五步外者加五十担）；泝流拽船每六十担；顺流驾放每一百五十担，右各一功。

此处"般"通"搬"，"担"是量词，相当于 50 千克，"泝流"即溯流，逆流而上。在这里，李诫规定一个"功"时，不仅规定了距离，而且规定了负荷重量。当荷重增加一倍或距离缩短一半时，相应的距离减少一半或荷重增加一倍，才保持一个单位"功"不变。虽然李诫在这里规定的单位工作量"功"和物理学中"功"的定义不尽相同，但是包含了物理学中功概念的两个基本因素，即力和距离。有了"功"的规定，古人就可以事先把要做的事情的量以功为单位计算出来，工钱就按照功的数量计算即可。[①]这一计算方法一直沿用至今，当前民间建筑行业计算工钱仍采用传统"功"的概念。

二、物理学原理

能量是表征物理系统做功本领的量度。按照物质不同的运动形式分类，能量可分为机械能、热能、电能、化学能、生物能、核能、潮汐能等。能量守恒定律是自然界普遍的定律之一，能量既不可能凭空产生，也不可能凭空消灭，只是从一种形式转化为另一种形式，或者从一个物体转移到另一个物体，而总量保持不变。

机械能是动能与势能的总和，这里的势能分为重力势能和弹性势能。决定动能的是质量与速度；决定重力势能的是重量和高度；决定弹性势能的是劲度系数与形变量。在只有动能和势能相互转化的过程中，物体机械能的总量保持不变，即机械能守恒。

三、实践与应用

功和能的转化，以及势能和动能的转化在我们的日常生活中已是司空见

① 戴念祖，刘树勇. 中国物理学史（古代卷）. 南宁：广西教育出版社，2006：232-233.

惯。比如，城市里有一些封闭式管理小区，在人们出入的门背后装上了弹簧。行人推门离开后门会自动关上，这是因为用力推门时收紧了门上的弹簧，产生了弹性势能。放手后这些弹性势能转化为门的动能，所以门自动关上。再如，传统的手动机械手表需要上发条，实质上是使发条具有弹性势能，然后转化为指针运动的动能。自动机械手表是手动机械表的改良，不需要上发条，但是如果把表放置一边不戴的话，一段时间后指针就会停下来。原来，自动机械表里面加入了一个摆陀，人们戴上手表后，通过手腕摆动、胳膊甩动等动作带动摆陀摆动，摆陀又驱动自动机芯旋转，达到上发条的效果，动能转化为弹性势能。然后，卷曲发条的弹性势能转化为齿轮的动能，驱动指针转动，完成计时功能。

许多运动项目也运用到了功能转化，比如跳高运动，运动员助跑获得了动能，然后纵身一跃，动能转化为重力势能。撑竿跳运动是一项比较复杂的田径运动，运动员举着有弹性的竿子助跑，在跳高架前适当的位置放下撑竿，借助竿子支撑和弹力上升到一定的高度，这是将动能和弹性势能转化为了重力势能。之后运动员调整自己身体的姿势，以悬垂、摆体、举腿和引体等动作越过跳高横杆。

跳水项目则是将重力势能转化为动能，运动员在3米跳板或是10米跳台上起跳，获得了重力势能和一定的动能，之后在空中做出各种优美动作，待入水时已经具有了相当大的下落速度。因此，为了保障运动员的安全，必须设计好水池的深度，给运动员足够的缓冲距离。在水的阻力和浮力的阻碍作用下，运动员在到达池底之前，入水时的动能转化为热能。

蹦极则是一项考验人的生理和心理的户外极限运动。人在40米以上的高处跳下，刚开始几秒做近似于自由落体的运动，这时重力势能转化为动能。然后绑在人身体上的橡皮绳被拉开、绷紧，人下落的速度继续增加，但加速度就不如刚跳下时那么大，重力势能继续减小，弹性势能和动能增加。当速度达到最大时，橡皮绳的弹力、空气的阻力与人的重力三力平衡。之后速度逐渐变小，但继续向下运动，待到达最低点时，速度为零，此时橡皮绳被拉至最长，弹性势能达到最大。然后，橡皮绳收缩，人被拉起，这时弹性势能转化为动能和重力势能。随后，又落下，这样反复多次直到人完全静止。整个过程中摩擦力都做负功，消耗机械能，使之转化成了热能。

第五节　传统文化与浮力定律

一、传统文化赏析

　　《敦煌曲子词集》是在敦煌发现的民间词曲总集，为唐人写本。自敦煌石室发现后传世，但多有散佚，其中大部分先后被法国汉学家伯希和（P. Pelliot，1878—1945）、英国考古学家斯坦因（M. A. Stein，1862—1943）劫走，分别收藏于法国国家图书馆和英国英京博物馆。我国当代史学家王重民（1903—1975）从伯希和劫走的17卷、斯坦因劫走的11卷，以及罗振玉所藏3卷、日本人桥川氏所藏1卷影片中，集录曲子词213首。经过校补，去掉重复的51首，重新编成《敦煌曲子词集》。这部词集中收录了一首作品《菩萨蛮·发愿》：

> 枕前发尽千般愿，
>
> 要休且待青山烂。
>
> 水面上秤锤浮，
>
> 直待黄河彻底枯。
>
> 白日参辰现，
>
> 北斗回南面。
>
> 休即未能休，
>
> 且待三更见日头。

　　这是一首写给恋人的陈词，表达了自己对爱情的坚贞不渝及如火一般的誓言。而这誓言是由一连串极为奇妙的比喻构成的：青山坏烂、秤锤浮水、黄河彻底枯、白日参辰现、北斗回南面、三更见日头。以这六件事作为喻体，以连续反喻的形式，以六种不可能来说明一种不可能，情真意切，如痴如狂。全词一气呵成，就像夏日的暴风雨一般，突起骤止，以此展示动荡的内心世界，这比现代人海誓山盟的直白表述，显得更为热情奔放，更有力量。这一富有独创性的表现方式，使这篇抒情之作成为唐朝诗苑中的一颗明珠。

　　词中"水面上秤锤浮"是一种假设，从物理学上看，秤锤的密度远远大于水，秤锤石根本不可能浮在水面上，这说明古人对物体的浮沉特性有所认识。事实上，中国关于浮力原理的最早记述出现于《墨经·经下》篇："荆之大，其沈浅也。说在具。"这里的"荆"指荆木，"沈"即沉；"浅"，即少，"具"通举。意思是说：荆木的体积很大，但沉入水中的部分少，原因在于受到了水的托举。对此，《经说下》进一步解释道："荆沈，荆之贝也。则沈浅，非荆浅也。若易，五之一。"这里的"贝"，当为"具"之误，"易"，交换、比较之意。意思是说，荆木沉在水中受到了托举作用，没入水中的深度较浅的原因并非荆木自身尺寸小。其沉入水中的体积是总体积的五分之一。这里的托举作用实际上就是浮力，荆木受到的浮力与其重力平衡。荆木有多少比例的体积浸在水中，取决于它与水的密度的比。《墨经》成书年代久远且用词简略，仅仅从字面意思去考证和校解比较困难，若结合物理学知识加以理解和分析，则会显得顺理成章。无论如何，《墨经》中的这两条描述说明了墨家对物体在水中的沉浮条件有所认识，他们认为物体所受浮力跟它沉入水下部分的体积有关。遗憾的是，墨家并没有因此总结出浮力的普遍性规律。不过，墨家对浮力的研究和描述，比古希腊的阿基米德（前287—前212）大概早200年，只是后者进行了较为详细的定量描述。

关于物体所受浮力与其排水体积之间的密切联系，西汉的淮南王刘安（前179—前122）及其门客集体撰写的《淮南子·齐俗训》中也有描述："夫竹之性浮，残以为牒，束而投之水则沈，失其体也。"意思是说，竹子能浮在水中，若将其剖开成片，捆束起来投入水中会下沉，原因在于竹子的体积减小了。的确如此，竹子是中空的，在水中其浮力能支撑其重力，所以浮起来。被削成竹片后，重量变化无几，但体积大为减少，浮力减小而不能支持其重力，所以下沉。

我国古人在生产实践中有巧妙应用浮力的例子。例如，春秋战国时期的《考工记·矢人》篇中，造箭的工匠在确定箭杆各部分的比例时，采用的方法是："水之，以辨其阴阳；夹其阴阳，以设其比；夹其比，以设其羽。"意思是说，把削好的箭杆投入水中，根据箭杆各部分在水中浮沉情况来识别其质量分布，根据这一分布来决定箭镞的重量和箭羽的多少。这种根据箭杆各部分浮沉程度判定其相应密度分布的方法是科学的。

三国时期的神童曹冲（196—208）曾经提出"以舟称象"（图1-16）。要称量几吨重的大象在当时来说是不可想象的。曹冲提出，先把大象赶到船上，记下船在水中的吃水深度；然后将大象牵上岸，再把石头陆续装入船中，直到船的吃水深度达到刚画的那个记号处为止，然后称出船中所有石头的重量。石头是一块一块的，当时的度量器具可以测得每块石头的重量，所有石头的重量之和即为大象的重量。这不是"刻舟求剑"，而是"刻舟求重"，即通过在船上做记号来获得物体的重量。前者因参考系选取有误而致求剑失败，后者是在水中同一处"刻舟"，目的是保证两次称量时船受到相同的浮力，由此得到所称物体的重量，这是科学的。从物理学中的浮体原理来看，当船只漂浮起来时，它所排开的水的重量等于它自身的重量。曹冲测象重和测石重保证了船的吃水深度相同，这说明船排开的水的体积相等，因而其重量也相等。既然船漂浮在水中，排开的水的重量就等于船和船上所有物体的总重量了，也就是说装象和装石头的船的重量相同，从而可以根据石头的重量来获知象的重量。

图 1-16　曹冲称象

此外，《宋史·方技下（列传第二百二十一）》记载了宋朝出色的工程师怀丙和尚巧妙利用浮力的一个例子（图 1-17）：

河中府浮梁用铁牛八维之，一牛且数万斤。后水暴涨绝梁，牵牛没于河，募能出者。怀丙以二大舟实土，夹牛维之，用大木为权衡状钩牛，徐去其土，舟浮牛出。

图 1-17　怀丙捞牛

怀丙将两只大船装满土石，两船中间架上横梁巨木，并将铁链的一端钩住巨木，另一端捆束铁牛。根据浮力定律，船所受到的浮力等于其排开水的重量。换言之，如果将船浸入水中的这部分体积用河水来填充，则填充的这部分河水的重量就等于船所受到的浮力了。装满土石的大船吃水较深，浸入河水中的体积较大，它们所受到的浮力等于此时船和船上土石的总重量。将船中土石卸入河中后，浮力要大于船的重量，多出的部分就是卸掉的土石的重量，正是这一部分的力量将铁牛拉出水面。这种利用浮力起重的方法，可谓构思巧妙。南宋笔记文作家吴曾则在《能改斋漫录》卷三中记载了另一种与之稍微不同的方法：在一只船上架桔槔，桔槔短臂端以铁链系牛，长臂端压以巨石。先在船上装满土石，待水涨时将其卸掉。这样，铁牛被桔槔从河底拉起并稍露水面。水涨船高，卸掉土石后船出水高度增加，架在船上的桔槔为保持杠杆平衡，将铁牛拉出水面。

二、物理学原理

浸入静止流体中的物体受到一个浮力，其大小等于该物体所排开的流体重量，方向垂直向上并通过所排开流体的形状中心（这点称为浮体的浮心）。换言之，物体所受到的浮力是物体所处的流体的密度与物体排开流体的体积及重力加速度[①]的乘积。浸在流体中而不下沉至底部的物体要保持受力平衡，其浮力必须等于重力，而重力的大小为物体的密度与物体本身所具有的体积及重

① 常量，一般为 9.8 米／秒^2。

力加速度的乘积。因而，物体在流体中的浮沉情况，需通过比较物体自身及其所处流体的密度来判断。如果物体的密度小于流体的密度，要保持浮力等于重力，那么物体排开流体的体积就要小于物体自身的体积，此时物体漂浮在流体中；如果物体的密度等于流体的密度，那么物体排开水的体积就等于物体自身的体积，整个物体淹没在流体中但并不下沉至底面，这种状态称为悬浮；如果物体的密度大于流体的密度，那么物体的重量大于流体对它的浮力，此时物体要下沉至盛装流体容器的底面，由底面对物体的支持力来补偿浮力与重力的差距，从而形成受力平衡。

浮力本质上就是物体在流体（包括液体和气体）中，各表面受流体压力的合力。漂浮在液体中的物体，底面受到液体向上的压力，上面受到气体向下的压力，两者之差构成了浮力。

三、实践与运用

根据浮力定律，浸没在液体（或气体）中的物体所受到的浮力取决于物体的体积，漂浮的物体所受到的浮力取决于物体排开液体（或气体）的体积。通过改变体积，可以改变物体在液体中的浮沉状态。例如，一般而言，人的密度大于水的密度，若不是游泳，人在水中容易下沉。但是，穿上救生衣后，增加了人及其附着物的体积，而相应增加的重量很少，人和救生衣所构成的整体的密度小于水的密度了，因而能浮起来。那么，用铁做成的轮船为何能浮在水上呢？原来尽管铁比水重，也就是说铁的密度比水的密度大，但是轮船是用铁包围起来的一个内部充满空气的巨大空间，其体积比铁本身的体积大得多。密度等于质量除以体积，轮船及其内部空气的综合密度比水的密度要小，因此能浮在水中。

鱼在水里，属于悬浮状态，这是因为通常鱼与水有着相同的密度。一条鱼通过扩大与收缩它身体里的气囊，改变它的体积，从而调节其密度。鱼可以通过增加它的体积向上移动（减小其密度）和通过收缩体积向下移动（增大其密度）。潜艇在水里综合密度的改变则是通过重量的改变来实现的，它有多个蓄水舱，当往蓄水舱中注水时，密度增加，潜艇就下潜，反之则上升。

为了测量液体的密度，人们设计了密度计。密度计是一根粗细不均匀的密封玻璃管，管的下部装有少量密度较大的铅丸或水银。依据浮子浸没在液体中的情况，密度计可分为漂浮式和全浸式，即浮子可以漂浮在液体上，也可以全部浸没在液体中。其物理学原理就是物体浮在（或浸在）液体中所受的浮力等于重力。使用时将密度计竖直地放入待测的液体中，待密度计平稳后，从它的刻度处读出待测液体的密度。与现在的密度计相近，我国元代的一位盐司陈椿（1293—1335）设计了一种专门用于测量盐卤浓度的器具——"莲管"（图1-18），据《熬波图咏》一书记载：

　　莲管之法，采石莲，先于淤泥内浸过，用四等卤分浸四处：最咸卤浸一处，三分卤浸一分水浸一处，一半水浸一半卤浸一处，一分卤浸二分水浸一处。后用一竹管盛此四等所浸莲子四枚于竹管内，上用竹丝隔定竹管口，不令莲子漾出。以莲管吸卤试之，视四莲子之浮沉，以别卤咸淡之等。

图 1-18　古代密度计——莲管

　　其中的四枚莲子相当于比重不同的色球，根据这些小球的浮沉情况便可判断液体的密度，从而区分盐卤浓度。

第六节　传统文化与液体的表面张力

一、传统文化赏析

　　唐代著名诗人白居易（772—846）有"诗魔"和"诗王"之称，与李白、杜甫并称为"唐代三大诗人"。他继承了前人的现实主义传统，以儒家"达则兼济天下，穷则独善其身"为指导思想。他是中唐新乐府运动的主要倡导者，主张"文章合为时而著，歌诗合为事而作"。他的诗歌题材广泛，形式多样，语言平易通俗，其中，七言绝句《暮江吟》语言清丽流畅，格调清新，细致真切，备受称道（图1-19）。

一道残阳铺水中，
半江瑟瑟半江红。
可怜九月初三夜，
露似真珠月似弓。

图 1-19 暮江吟

诗人选取了夕阳西沉、晚霞映江的绚丽景象和露珠晶莹的朦胧夜色两组景物进行对比描写，运用新颖巧妙的比喻，创造出和谐、宁静的意境，表现出对大自然的热爱之情。诗的后两句写新月初升，诗人在九月初三的夜晚流连忘返，直到初月升起、凉露下降的时候，眼前呈现出一片更为美好的景象：江边的草地上挂满了晶莹的露珠，而这绿草上的滴滴清露，像是镶嵌在上面的粒粒珍珠。[①]"真珠"通"珍珠"，用"真珠"作比喻，不仅写出了露珠的圆润，而且写出了在新月的清辉下露珠闪烁的光泽。"露似真珠"表明露珠呈球形且晶莹透亮。

无独有偶，另两首唐诗也描写了露珠的圆润，一首是韦应物（737—792）创作的一首五言绝句《咏露珠》：

秋荷一滴露，
清夜坠玄天。
将来玉盘上，
不定始知圆。

---

① http://so.gushiwen.org/shangxi_2753.aspx.2016-08-11.

此诗生动地描绘了秋夜由天空掉下的一滴露水，落到展开的碧绿荷叶上，化身为晶莹透亮的水珠，滚来滚去，煞是好看（图1-20）。

图 1-20　荷叶上的露珠

另一首是羊士谔（约762—819）的《林馆避暑》：

池岛清阴里，无人泛酒船。

山蜩金奏响，荷露水精圆。

静胜朝还暮，幽观白已玄。

家林正如此，何事赋归田。

该诗描述了避暑胜地林馆的幽静与清凉。其中的"荷露水精圆"一句中的"精圆"通"晶圆"，说明荷叶上的露珠晶莹圆润。

南宋文学家程大昌（1123—1195）在《演繁露》卷九《菩萨石》中对露珠的形成记述得非常细致：

凡雨初霁，或露之未晞，其余点缀于草木枝叶之末，欲坠不坠，则皆聚为圆点，光莹可喜。日光入之，五色具足，闪烁不定，是乃日之光品著色于水，而非雨露有此五色也。

这里，霁（jì）为雨后转晴之意；晞（xī）为干燥之意。前一句以优美的语言说明晶莹的露珠成球形，后一句则讲日光射向露珠，出现各种色光闪烁不定，这说明了雨露对太阳光的色散。[1] 其实，不止水珠在荷叶、草木上成球形，打碎了体温计后，里面的水银掉到地上，小水银滴也呈球形。另外，在一杯水里，小心地把一枚针水平放置在水面上，针浮在水面上而不沉，并且针下面的水面形成一个凹面……这些现象的产生都是液体的表面张力在起作用。因分子

————————
① 具体分析见本书第四章第五节。

间的引力作用，液体表面就像一张绷紧的橡皮膜，这种促使液体表面收缩的力，就是表面张力。正如成语"张弛有度"所体现的，"张"是紧张、绷紧的意思，就像你要把弹簧拉开些，弹簧反而表现为具有收缩的趋势。体积相等的各种形状的物体中，球形物体的表面积最小。因而对于一定体积的水，由于液体表面张力的作用，露水具有收缩到最小面积的趋势，露水会呈现球形。

二、物理学原理

液体与气体接触的表面存在一个薄层，叫作表面层，表面层存在一种应力，叫作表面张力。如图 1-21 所示，在液体内部，分子间距在平衡位置时（$r=r_0$），斥力等于引力，整体而言分子之间的相互作用力合力为零。在液体表面，由于表面层里的分子向液面内扩散比液体内部分子向表面扩散容易，表面分子会变得稀疏，分子间的距离就比液体内部大一些（$r>r_0$）。在这种情况下，尽管在液体表面分子间既存在着引力，又存在着斥力，但斥力比引力下降得快，斥力与引力的平衡被打破，因而分子间的相互作用整体表现为引力。这就是表面张力的由来。表面张力的方向与弯曲的液面相切，或是与水平液面的任何两部分分界线垂直。表面层液体各部分间相互吸引，使液体表面有如张紧的弹性薄膜，有收缩的趋势。

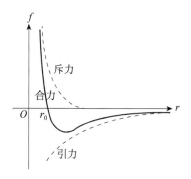

图 1-21　分子间的作用力

除液滴外，造成液面弯曲的另一常见原因是液面与固体器壁的接触。这是因为不仅液体与气体之间有表面层，液体与固体器壁之间也存在着"表面层"，这一液体薄层通常叫作附着层，附着层内的分子不仅受到液体内部分子的作用力，而且受到固体表面分子的作用力，这两种力都表现为吸引力，前者为内聚力，后者为附着力。内聚力和附着力的大小不同，决定了液体和固体接触时，会出现两种现象：不浸润和浸润。水银掉到玻璃上，呈现为球形，这是因为内聚力大于附着力时，附着层内的液体分子受到的合力指向液体内部，液面有收缩的趋势，这种现象为不浸润。而水滴掉到玻璃上，会慢慢地沿玻璃散开，这是因为附着力大于内聚力，附着层内的液体分子受到的合力指向固体，液面有扩大趋势，这种现象为浸润。浸润和不浸润这两种现象，决定了液体与固体器壁接触处形成两种不同形状：凹形和凸形。正如前面《咏露珠》中所描述的那样，露珠在荷叶上呈球形，说明水不能浸润荷叶。

在一些很细的管中产生了一种有趣的现象——毛细现象。如图 1-22 所示，液体浸润毛细管壁，液面凹陷，液体上升到毛细管中。若液体不浸润管壁，液面则会凸起，液体在管中下降。这是液体表面张力和曲面内外压强差联合起作用的结果。

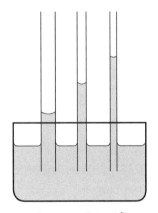

图 1-22　毛细现象

表面张力的大小等于表面张力系数与作用线长度的乘积，不同种类的液体表面张力系数大小会有差异，相对水而言，苯、酒精、醚和肥皂液的表面张力系数小很多，因而肥皂水常被作为表面活性物质。表面张力系数还与温度有关，一般而言，温度越高，表面张力系数就越小。

三、实践与应用

液体的表面张力在实际生活中几乎无处不在。例如，施药治虫时，在农药中加入表面活性物质，可以减少表面张力，使液滴和植物叶片的接触面积增大，从而增强治虫效果。在冶金工业中，在金属中加入表面活性物质降低其表面张力，可以加快熔融金属的结晶速度。

　　我们在吹肥皂泡时，肥皂水的表面张力可以使肥皂泡那层薄薄的液体膜不破碎，并且紧紧裹住里面的空气。肥皂的成分大多是硬脂酸盐，其有机分子比水分子大许多，分子之间的引力也大很多。肥皂水溶液表面张力越大，吹入的空气量就会越多，肥皂泡的体积也就越大。

　　人是靠肺呼吸的，呼出二氧化碳，吸进新鲜空气——这个功能是由数以亿计的肺泡小囊（肺泡平均直径约为 0.01 厘米）来完成的。正常的成年人肺泡每天需要收缩和扩张 15 000 次。肺泡间布满了毛细血管，如图 1-23 所示，空气中的氧气和血液中的二氧化碳在这里交换。肺泡内壁的黏液层是一种表面活性物质，以单分子层覆盖于肺泡内壁，其浓度越高，表面张力系数越小。我们把肺泡近似地看作是有微小出入口的、由液体包围的球形小气泡。人在呼吸时，肺泡内外压强差等于其内壁上液体的表面张力系数的四倍与肺泡半径的比值。该压力差必须保持一定值，肺泡才能处于平衡状态，否则肺泡将会胀破或萎缩。人在吸气时，空气进入肺泡使其的半径增大，与此同时表面积也增大，使得肺泡内壁黏液浓度降低，表面张力系数增大。这样一来，肺泡扩张到某一半径，其内外压强差仍保持稳定，肺泡不会胀破。反之，人在呼气时，横膈膜上升，胸膜腔缩小，在肺泡半径减小的同时，其内壁黏液的表面张力系数也在减小，从而使肺泡缩小到一定程度。但此时内外压强差保持稳定，因此肺泡不致萎缩。可见，肺泡内壁黏液层中的表面活性物质对表面张力的调节作用在呼吸过程中具有重要意义。刚出生的婴儿，肺泡是萎缩的，医生往往会在婴儿屁股上轻拍，使婴儿大哭一阵，扩张其肺泡，以免窒息。[①]

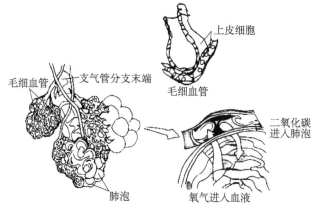

图 1-23　肺泡

---

　　① 潘翠萍. 表面张力在生活现象中的应用实例. 物理教学，1991（6）：5-8.

此外，毛细现象在日常生活中的应用也非常广泛。毛巾、餐巾纸、棉花等物体，内部有许多小细孔，这就是一根根毛细管，因此它们能吸收一定量的液体。人们在医院验血时，扎过手指后，医生也是用一根毛细管来收集指血的。土壤中有很多毛细管，地下的水分沿着这些毛细管上升到地面蒸发掉。如果要保存地下的水分供植物吸收，就应当锄松表面的土壤，切断这些毛细管，减少水分的蒸发。所以农民常在雨后给庄稼松土，来保持水分。在酒精灯中，用棉线做灯芯，可以使酒精沿灯芯上升；若用丝线来做灯芯，可能点不着酒精灯。这是因为酒精不浸润丝线，在丝线灯芯中酒精是无法上升的。毛细现象对植物生长也具有重要意义，植物所需要的养分和水分就是由根、叶和茎中的小管从土壤中吸上来输送到绿叶里的。这就像永不停止的抽水机，不知疲倦地把水分、养分送到植物的每一个细胞。当然，这里除了毛细现象，还有溶液浓度差导致的渗透现象和水的内聚力所引起的"负压"在起作用。

第七节　传统文化与声音

一、传统文化赏析

清代著名小说家曹雪芹（约1715—约1763）创作的章回体长篇小说《红楼梦》，篇幅宏大、结构严谨、情节复杂、描写生动，塑造了众多典型的艺术形象，堪称中国古代长篇小说的巅峰之作，在世界文学史上都占有重要地位。《红楼梦》位列中国四大古典名著之首，是中华民族的宝贵文化遗产。学术界关于《红楼梦》的研究还形成了一种专门的学问——红学。该书第三回有一段故事：

一语未了，只听后院中有人笑声，说："我来迟了，不曾迎接远客！"黛玉纳罕道："这些人个个皆敛声屏气，恭肃严整如此，这来者系谁，这样放诞无礼？"

这是林黛玉初入贾府，贾府姑娘们一一过来见面时的情景。当时，王熙凤人未到声先到，引起了黛玉的揣度。每个人的声音都有一定的辨识度，大家或与王熙凤交谈过或听过她说话，所以记得她的音色，知道是她来了。林黛玉初来乍到，自然不知道她是谁，但在场的其他人清楚得很。

　　事实上，古人对声音的描述很多，人们早就认识到声音产生的条件，宋代苏轼在《琴诗》中写道：

若言琴上有琴声，

放在匣中何不鸣？

若言声在指头上，

何不于君指上听？

　　这首诗讲了一个弹琴、抚琴（图1-24）的道理：一首乐曲的产生单靠琴不行，单靠指头也不行。从物理学的角度来讲，琴声是由琴弦的振动而产生的，也就是说声音的产生需要振源的振动。南宋时期的民族英雄岳飞（1103—1142）在《小重山》中写道：

　　昨夜寒蛩不住鸣。惊回千里梦，已三更。起来独自绕阶行。人悄悄，帘外月胧明。

　　白首为功名。旧山松竹老，阻归程。欲将心事付瑶琴。知音少，弦断有谁听？

图1-24　抚琴

　　这里的蛩（qióng），指蟋蟀。岳飞"壮志饥餐胡虏肉，笑谈渴饮匈奴血"，希望“待从头，收拾旧山河，朝天阙”。尽管他有满腔抗金报国之心，然朝中局势波诡云谲，议和声四起，同僚各怀心事，抗金大业阻力重重。岳飞深感知音难觅、壮志难酬。我们在欣赏岳飞“壮怀激烈”之余，若从抚琴的角度来看，“弦断有谁听”从另一个侧面说明，正是弦的振动才产生了琴音。

此外，古人还认识到声音的传播是需要媒介的，也就是今天物理学中所说的“介质”了。唐代诗人胡令能（785—826）在《小儿垂钓》（图 1-25）中写道：

蓬头稚子学垂纶，
侧坐莓苔草映身。
路人借问遥招手，
怕得鱼惊不应人。

图 1-25　小儿垂钓

诗人之所以这么写，大概是因为他知道声音是可以通过空气和水传播的，稚子生怕把鱼吓跑了，因而不回应路人。经验丰富的垂钓者都知道，岸上有人在高谈阔论、频繁走动或有很大的响声时，鱼上钩的可能性很小。水中的鱼，感觉器官非常发达，对声音的反应异常敏锐。人在岸上说话时，声音通过空气传播到水面，再通过水传播给鱼，鱼听到声音会因为应激性而四处逃窜。

在宋代，民间已经出现了一种用来听地声的竹筒，这是近代医用听诊器的始祖，比西方最早的听诊器还早 800 年。这说明我国在古代就已经认识到了气体传声的道理。古人所总结出来的三种传播声音的"媒介"与现代物理学声音传播的介质（固体、液体、气体）基本一致，由此可以领略到中国古人的智慧。

古人对声音的传播速度也有清楚的认识。唐代诗人王维（701—761）在《鹿柴》里写道："空山不见人，但闻人语响。"这说明声音传播时遇到障碍物会有反射。事实上，声音在山谷中传播，遇到山就有反射，反射回的声音到达人耳比原声晚 0.1 秒就可以听到回声，所以才会在不见人的山中听到人声。

二、物理学原理

机械振动是物体（或物体的一部分）在平衡位置（物体静止时的位置）附近做的往复运动。一切正在发声的物体都在振动，振动停止则发声停止。振动是声音产生的原因，最基本的振动形式是简谐振动，即物体在振动过程中不受摩擦力的作用，没有能量损耗，能保证振幅一直不变。这种振动是一种简单的、理想化的运动，但是许多复杂的振动，如地震、心脏的搏动、耳膜和声带的振动等都是简谐振动的合成。

声音是由物体振动产生的声波，是通过介质（空气或固体、液体）传播并能为人或动物听觉器官所感知的波动现象。人的声音是使自己的声带在气流的作用下产生振动，并通过空气将之传送出来。为了发出不同的声音，还要在声带、软腭、鼻腔、口腔、颅腔、胸腔、舌、齿、唇的调制作用下达到预想的发声效果。声音能够被人感知，一是要通过振源产生振动；二是必须要有弹性介质，只有在弹性介质中才能传播。从能量传播的角度来讲，声波是物体机械振动状态（或能量）的传播形式。换言之，声音传播过程中伴随着能量的流动。具体而言，声音 1 秒内垂直通过 1 平方米面积的能量值被定义为声音的强度。人的耳朵探测声音的能力是有限的，若声音的强度达到 10^{-12} 焦耳，人就能听到。为了更加简便地表述声音的强度，人们引入了声强级的概念。以人耳能探测到的最低声音所携带的能量值为基准，若某一声音能量是该能量值的 10 000 倍，取对数后得到 4，则该声音的声强级为 4 贝尔，也就是 40 分贝。如此计算，能引起人耳听觉的最低声音为 0 分贝，使人耳疼痛的声音是 120 分贝。此外，窃窃私语的声音是 20 分贝，通常谈话的声音为 40～60 分贝，交通繁忙街道的声音达到 70 分贝，而钻岩机或铆钉机发出的声音是 100 分贝，这时就震耳了。如此看来，成语"震耳欲聋"来源于人们的生活经验——100 分贝的声音震耳，继续调高音量，就会引起痛觉而"欲聋"了。当前，噪声污染已经成为人们不得不面临的一个问题。我国规定，以居住、文教机关为主的区域环境噪声标准值为夜间不超过 45 分贝，白天不超过 55 分贝。从频率的角度来看，频率为 20～20 000 赫兹的声音是可以被人耳识别的。0～20 赫兹的声波是次声波。大于 20 000 赫兹的声波为超声波。

相比可闻声波，超声波频率高、波长短、方向性好，它已广泛应用于医学上，即超声波发射到人体内出现折射或反射，通过仪器所反映出的波形、曲线或者影像的特征来了解人体内部器官的情况。因为人体各种组织的形态与结构是不相同的，因此人体对超声波的反射与折射，以及吸收的程度也不同，医生结合解剖学知识、正常与病理性改变的对比，便可诊断所检查的器官是否出现病变。

三、实践与应用

细心的读者不难发现，在一些寺庙的门前会设有一个"幸运盘"。来访者只要掏少许香火钱，就能在上面洗手，以求幸运。这种"幸运盘"底部绘有鱼或龙的图案，有双耳，大小如脸盆，只要在盆内加一定量的水，然后用双掌内侧摩擦双耳，盆中就会波澜顿现，然后珠光四溅，喷出数十厘米高的水线，并伴有嗡鸣声，给人的感觉好像是鱼或龙从盆中跃出一样。实际上，这种"幸运盘"是古代盥洗用具"洗"的复制品，其中底部是鱼纹的叫鱼洗（图 1-26），底部是龙纹的叫龙洗。南宋学者王明清（1127—1202）在《挥麈录》一书中记载，韩似夫与先子言……又命取磁盆一枚示似夫云："此亦石主所献，中有画双鲤存焉，水满则跳跃如生，覆之无它矣。"这里的"磁"通"瓷"，"磁盆"实质上是指喷水瓷洗。这段话的背景是五代十国时期的晋国被辽国打败，后晋皇帝石重贵向辽太宗耶律德光进献了一具用瓷做的喷水鱼洗。

美国、日本的物理学家曾用各种现代科学仪器反复检测查看我国古代的鱼洗，试图找出导热、传感、推动及喷射发音的构造原理，皆不得要领。1986年 10 月，美国曾仿造一个青铜喷水振盆，虽外形酷似，然而功能却不济，它既不会喷水，发音功能也很呆板，仿造没有成功。那么，鱼洗喷水的原理究竟如何？国际、国内的许多科学家和物理学工作者对此进行过研究，其中北京大学和上海交通大学的研究人员对鱼洗的喷水效应给出了较为详尽的分析，揭示了其中的奥秘。

图 1-26　鱼洗

简而言之，喷水鱼洗的振动是一种壳振动，而且是规则的类似圆柱形壳体的振动。由于鱼洗底部与支撑面接触，所以底部不发生振动，而鱼洗周壁发生径向小振幅振动，也就是平行于鱼洗底面的振动。如图 1-27 所示，该振动在鱼洗圆柱面侧壁中传播，形成了一些稳定的驻波状态。而鱼洗的双耳就是振动的激励源，它处于振动波节的位置。当双手摩擦双耳时，赋予鱼洗周壁振动的能量。由于双耳的长度比鱼洗的周长短，双耳的中心垂线即可以看作是波节线，因鱼洗的对称性，波节呈偶数对出现。

图 1-27　喷水鱼洗 4、6、8 节线振动示意图

在鱼洗表面对称振动的拍击下，内部所盛装的水发生谐和振动。盆壁的振动不但会激起盆中的水柱，在某些条件下还会产生次谐波。而在鱼洗的波腹处，水的振动情况也最为强烈，波纹荡漾甚至喷涌而出形成水柱。通过观察水面振动最强的地方与不振动的地方，我们就能明确地找到鱼洗中波节与波腹的位置。

古人对声音和振动有着较为深刻的认识，和鱼洗一样，二胡（图 1-28）也是将这种认识与制作工艺完美结合的典范。作为传统的拉弦乐器，二胡始于唐朝，至今已有一千多年的历史。它主要由琴筒、琴皮、琴弦、琴杆、琴弓等几部分组成。其中，琴杆是二胡的支柱，起着上下连接的支撑作用。琴弦和琴皮是二胡的振源、发音的关键，对音质和音量有着直接的影响。琴弓由弓杆和弓毛构成，通过它的推拉运动，摩擦琴弦、振动琴皮发音。而琴筒和琴皮形成封闭的空间，构成发音的共鸣体。

许多二胡名曲具有强烈的艺术感染力，如《二泉映月》。这首曲子是我国著名的民间盲艺人阿炳通过长年累月的演奏、反复加工创造而成的传世之作。据知情人回忆，早在无锡被日寇侵占期间，就经常听到阿炳在街头巷尾拉这首曲子，特别是夜深人静的时候拉得最为动人心魄，其含蓄、深情的旋律如泣如诉、似悲似怒，时而委婉低回，时而激越高亢，抒发了演奏者淤积在内心的幽愤、哀痛及对美好生活的向往。这首曲子显示了二胡艺术的独特魅力，也拓宽了二胡艺术的表现力，曾获"20世纪华人音乐经典作品奖"。一些现代歌曲也融入了二胡元素，如《这一次我是真的留下来陪你》这首歌，

图 1-28　二胡的构造

其间有较长一段的二胡独奏，也是非常应时应景、扣人心弦，为作品良好的艺术表现力奠定了坚实的基础。

第八节　传统文化与共振

一、传统文化赏析

1945年秋，现代著名的爱国诗人闻一多（1899—1946）在西南联合大学[1]讲授唐诗。当抗日战争胜利的消息传来时，闻一多激动万分，特地在课堂上讲解了唐代诗人杜甫的《闻官军收河南河北》，而且回到家里还特地给孩子们朗诵了这首诗，并逐句作了解释，最后还情不自禁地说："我们也要穿过三峡回武汉看一下，就回北平了。"[2]

"安史之乱"时期，唐朝的统治风雨飘摇，国家凋敝、民不聊生，杜甫自己也是颠沛流离、东躲西藏、备尝艰辛，当他忽然听到叛乱平定的消息，不由得"漫卷诗书喜欲狂"，其兴奋之情溢于言表，"白日放歌须纵酒，青春作伴好还乡"，然后收拾行李，筹划"即从巴峡穿巫峡，便下襄阳向洛阳"。而抗日

---

[1]　抗日战争时期，北京大学、清华大学、南开大学迁至云南，合并为西南联合大学，为战时的中国培养了大量英才。

[2]　徐有富.第十五讲 诗的共鸣.古典文学知识，2007，5：68-77.

战争时期，我国大片国土沦丧，人民群众生灵涂炭，中华民族到了最危险的时候。我国经过艰苦卓绝的抗战，付出了巨大的代价，终于于1945年取得了胜利。现在捷报传来，惊喜的洪流一下子冲开了郁积已久的情感闸门，杜甫这首《闻官军收河南河北》的创作背景及所表达的欢乐情绪，引起了闻一多的强烈共鸣。

诗歌作品之所以能引起读者的共鸣，主要是因为诗歌作品写的与读者心里想的具有某种一致性。文学欣赏上的共鸣是一种精神上的默契、一种经历的相似、一种情感的相通，实属可遇不可求。而物理学中的共鸣是指系统因共振而发声。比如两个频率相同的音叉靠近，其中一个振动发声时，另一个也会发声。也就是说，共鸣是共振在声学中的表现形式。若某个振动驱动另一系统振动，当源振动的频率与受激系统的固有频率接近时，受激系统振动的振幅达到最大，这就是共振。上例中杜甫的诗是源振动，诗中所描绘的诗人听到平叛消息后的狂喜之情（源振动的频率），与闻一多收到抗日战争胜利捷报后欢欣鼓舞的情绪（受激系统的固有频率）极为类似，形成了感情上的共鸣。这就相当于源振动的频率与受激系统的固有频率非常接近，从而形成了共振。

我国古代典籍中有大量的关于共振现象的记述，《周易·乾》中把这种现象解释为"同声相应"，《吕氏春秋》则把它解释为"声比则应"。而公元前3世纪成书的《庄子·徐无鬼》曾记载："为之调瑟，废于一堂，废于一室，鼓宫宫动，鼓角角动，音律同矣。""废"是放置的意思，这段话是说周朝的鲁遽（jù）做共振实验，他把两把瑟分别放在两个房间，将其中一瑟某弦弹一下，隔壁那把瑟上同样的弦也会发声，且音律相同。这应该是世界上最早的共振实验。此外，当给瑟调音时，人们发现：弹动某一弦的宫音[①]，别的宫音弦也动；弹动某一弦的角音，别的角音弦也动。这是因为源振动的频率与受激系统的固有频率相同。

宋朝科学家沈括（1031—1095）一生致力于科学研究，在众多学科领域都有很深的造诣和卓越的成就，被誉为"中国整部科学史中最卓越的人物"，其名作《梦溪笔谈》内容丰富，集前代科学成就之大成，在世界文化史上有着重要的地位。沈括曾做过正声（实际上就是共振）试验。

今曲中有声者，须依此用之。欲知其应者，先调诸弦令声和，乃剪纸人加弦上，鼓其应弦，则纸人跃，他弦即不动。声律高下苟同，虽在他琴鼓之，应

---

① 宫、商、角、徵、羽是古人使用的乐音音名，相当于现在的do、re、mi、sol、la。

弦亦震，此之谓正声。

这就是说，为了要知道某一根弦的应弦，可以先将各条弦的音调准，然后剪个纸人放在待测的弦上，一弹与之相应的弦，纸人就会跳动，弹其他的弦，纸人就不动。如果琴弦的音调高低都相同，即使在别的琴上弹，这张琴上的应弦及其上的纸人同样也会振动。也可以这么理解，沈括做了一个试验，将纸人夹于共振弦线上，弹其应弦，则纸人跳跃，而其他弦线上的纸人并不跳跃，这样，就极容易识别发生共振的那些弦线。[①] 这个试验比西方同类试验要早几个世纪。沈括还曾指出，共振是一种自然规律，这对化解当时人们对此的惊异和疑惑大有裨益。

除了观察和分析共振现象，古人还发现了消除共振的方法，这无疑也是科学才智的体现。南北朝时期的刘敬叔（？—468）所撰的《异苑》卷二记载：

晋中朝有人畜铜澡盘，晨夕恒鸣如人扣。乃问张华，华曰："此盘与洛钟宫商相应。宫中朝暮撞钟，故声相应耳。可错令轻则韵乖，鸣自止也。"如其言，后不复鸣。

这里所说的张华（232—300）是西晋文学家、藏书家，他对共振现象作出了正确的解释，并提出了消除共振的方法。故事发生在西晋国都洛阳，皇家宫殿里朝暮撞钟，当地某人家的"铜澡盘"与之产生了共鸣。张华建议把铜盘周围稍微锉去一点，改变了它的固有振动频率，它就不再会和宫中的钟产生共鸣了。

二、物理学原理

在现实生活和生产中，阻尼是不可避免的。如果没有外界补充能量，系统因为阻尼耗散能量，终将停止振动。为了维持系统做等幅振动，就必须对系统施加周期性的强迫力，不断地补充能量，保持稳定的振动，使其振幅不随时间而衰退。振动系统在周期外力作用下所做的等幅振动，称为受迫振动。就好像在荡秋千（图1-29）时，由于摩擦阻力的作用，秋千最后会慢慢停下来，这就是阻尼振动。如果有一人站在旁边，每当秋千靠近时，沿着秋千运动的方向施加同等大小的力，就能保证秋千每次都能荡到同样的高度，这是因为周期性的外力补偿了阻尼所损耗的能量。

---

① 熊万杰，袁凤芳，温景立.中华传统文化中有关物理学以及方法论的知识.物理通报，2011（2）：85-88.

图 1-29　荡秋千

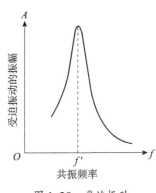

图 1-30　受迫振动

共振是受迫振动的一种特例。受迫振动时，达到稳定状态的振幅的大小与周期性外力的频率、阻尼系数及振动系统的固有频率有关。如图 1-30 所示，如果外部驱动力的频率不合适，其频率大于或小于振动系统的固有频率（自由简谐振动时的频率）时，系统会显得有点跟不上步伐，受迫振动振幅会很小。当驱动力的频率接近系统的固有频率时，受迫振动振幅急剧增大，达到最大值出现位移共振。当驱动力的频率与系统的固有频率完全符合时，系统的速度幅值达到最大，此即速度共振。在阻尼很小的情况下，速度共振和位移共振可以不加区分。

对于机械系统而言，共振是指机械系统所受激励的频率与该系统的固有频率相接近时，系统振幅显著增大的现象。从能量的角度分析，在共振频率下，很小的周期振动便可产生很大的振动，因为系统储存了动能；当外力频率与系统固有频率不同时，外力的作用不是最大限度地转化为系统的动能，反而会阻碍系统的运动趋势，从而导致振动的振幅相对较小。在声学中，共振现象就是共鸣；在电学中，振荡电路的共振现象称为谐振。

三、实践与应用

共振有时候会给人类带来危害。1948 年年初，一艘荷兰货船在马六甲海峡遇到了风暴，全船海员莫名其妙地失去了生命。科学家经过反复调查，终于弄清了制造惨案的"凶手"是次声波。原来，这艘货船在驶近该海峡时，风暴与海浪摩擦，产生了次声波。该次声波的频率与人体心脏的固有振动频率十分接近，引起共振，人的心脏及其他内脏剧烈抖动，以致血管破裂，最后死亡。

玻璃杯有固有频率，如果小号吹出来声音的频率与玻璃杯的固有频率一致，玻璃杯就会与小号的声音产生共振，最终会破裂。这是因为共振时，玻璃杯上每块玻璃要在原有位置附近以较大的振幅振动（图 1–31）。

图 1-31 小号吹破玻璃杯

　　桥梁也有固有频率。19世纪初，一队士兵在指挥官的口令下，迈着威武雄壮、整齐划一的步伐，通过法国昂热市的一座大桥。快走到桥中间时，桥梁突然发生强烈的颤动并且最终断裂坍塌，造成许多官兵和市民落水丧生。后经查明，如此多的士兵齐步在大桥上走时，产生的频率正好与大桥的固有频率一致，使桥的振动加强，当它的振幅达到最大限度直至超过桥梁的抗压力时，桥就断裂了。类似的事件后来又出现了几起。有鉴于此，许多国家规定：军队的大队人马过桥时，要改齐步走为便步走。

　　对于桥梁来说，不光是大队人马厚重整齐的脚步能使之断裂，有时候风也能对其造成威胁。美国塔科马（Tacoma）悬索桥位于华盛顿州，经过两年时间的施工，于1940年7月1日建成通车。该桥主跨长853米，全长1524米，当时位居世界第三。1940年11月7日，该桥建成才四个多月就戏剧性地因风振而坍塌。尽管当时的风速仅为65千米/时，还不到设计风速极限值200千米/时的三分之一，可是这座大桥设计时仅仅考虑了静态力，没有考虑空气动力学问题，导致事故的发生（图1-32）。原来，风的作用导致大桥附近空气流动速度加快，气流经过桥面和悬索时，若流速达到一定程度，会出现左右不对称的旋涡。正是这种对称破缺的旋涡气流摇撼着钢索和桥面，形成了共振，摧毁了大桥。塔科马大桥的这次灾难使人们意识到，桥梁设计时仅仅考虑静态力是不够的，还需要考虑空气动力学的影响。

图 1-32　风振毁坏大桥

　　当然共振也有有利的一面。我们日常生活中用微波炉加热食物，其原理就是微波炉内产生的振动电磁场的频率和食物中水分子的振动频率一致，使水分子做受迫振动，发生共振。收音机、电视机接收信号也是利用了振原理，通过将振荡电路的固有频率调至与电台传输的电波信号的频率相同来引起共振，将信号放大，然后再把电信号转变成声音或图像。音箱也是利用共振效应来使声音的低频段或高频段增强。"人体乐器"有多个共振腔，咽腔、鼻腔、口腔、腹腔等供唱歌者调节，如美声唱法的声音高亢激越，声波波形尖锐，需要气息明显上扬而发出，只有头腔、胸腔甚至是颅内的共振，才能让声音更"美"。有经验的歌者能够根据自身条件，调节"人体乐器"发振的能力和技巧，使歌声优美动听。[①]

第九节　传统文化与潮汐

一、传统文化赏析

初唐诗人张若虚（约647—约730）仅有两首诗存世，但质量上乘，使得他在灿若星河的唐代众多诗人中占有一席之地。其中《春江花月夜》一诗以清新优美的语言、婉转悠扬的韵律抒写了真挚动人的离情别绪，抒发了富有哲理意味的人生感慨，给人以澄澈空明、清丽自然的感觉。该诗被称为"诗中的诗，顶峰上的顶峰""以孤篇压倒全唐之作"。下面让我们来欣赏这首《春江花月夜》。

> 春江潮水连海平，海上明月共潮生。
>
> 滟滟随波千万里，何处春江无月明。
>
> 江流宛转绕芳甸，月照花林皆似霰。
>
> 空里流霜不觉飞，汀上白沙看不见。
>
> 江天一色无纤尘，皎皎空中孤月轮。
>
> 江畔何人初见月？江月何年初照人？
>
> 人生代代无穷已，江月年年只相似。
>
> 不知江月待何人，但见长江送流水。

① 宋峰.文科物理——生活中的物理学.北京：科学出版社，2013：64.

白云一片去悠悠，青枫浦上不胜愁。

谁家今夜扁舟子？何处相思明月楼？

可怜楼上月徘徊，应照离人妆镜台。

玉户帘中卷不去，捣衣砧上拂还来。

此时相望不相闻，愿逐月华流照君。

鸿雁长飞光不度，鱼龙潜跃水成文。

昨夜闲潭梦落花，可怜春半不还家。

江水流春去欲尽，江潭落月复西斜。

斜月沉沉藏海雾，碣石潇湘无限路。

不知乘月几人归，落月摇情满江树。

全诗以"月"为主体，集合了江水、沙滩、天空、原野、枫树、花林、飞霜、白云、扁舟、高楼、镜台、砧石、鸿雁、鱼龙、思妇、游子等众多的意象，组合成完整而有序的诗歌意象群，构筑出动人的良辰美景，营造出奇妙而优美的艺术境界，展现出一幅充满人生哲理与生活情趣的画卷。如果我们从意象出现的频率方面计算，就会发现，这首诗中的意象出现最多的是"月"（15次），其次是"江"（12次）。更有意思的是，"江月"一词出现了3次。而"春"和"夜"是背景，"花"是点缀，它们出现的次数都比较少。在这首诗中，诗人构筑的真可谓"众星拱月"图，把"江"与"月"鲜明地突出出来，而诗人阐释的有关宇宙人生的哲理，正是通过这两种事物的反复吟咏来表现的（图1-33）。

从物理学的视角来看，我国处于太平洋西岸，由于地球自西向东旋转，广大沿海地区日夜受到太平洋潮波冲击，潮汐现象十分明显。在长江、钱塘江河口更是发育了巨大的暴涨潮。文人墨客在生活中也观察到了这样的现象与景观，吟诗作赋，寄情于景，抒发对人生的感慨。这首《春江花月夜》的前两句"春江潮水连海平，海上明月共潮生"所描绘的景象就是浩瀚的潮汐带来滔滔江水，一轮明月悬挂在空中，潮汐和月亮像是商量好了一般，同步出现。这其实说明了潮汐的形成与月球的运动有关。全诗磅礴的气势中带有月光的柔情，哲理之中又蕴含了科学的魅力。

事实上，中国商末周初成书的《易经》在《说卦传》中曾记载"坎为水、为月"，这原本是描述坎卦卦象，但古人受此启发，发现潮汐的产生与月亮的运动表现出某种同步。东汉王充在《论衡·书虚篇》中说："涛之起也，随月

图 1-33　春江花月夜

盛衰，大小满损不齐同。"东晋医学家葛洪（284—364）在《抱朴子》中说：
"海涛嘘吸，随月消长。潮者，据潮来也，汐者，言夕至也。月之精生水，故
月盛则潮大。"这就告诉人们，不仅涨潮退潮和月亮的运动有关，而且潮汐的
盛衰也和月亮朔望有关。难能可贵的是，《抱朴子》中还记载："俗人云，涛
是子胥所作，妄也，子胥始死耳，天地开辟已有涛水矣。"这实际上说明，潮
汐在开天辟地时就有了，并不是由春秋末期的吴国大夫、军事家伍子胥（前
559—前 484）掀起。[①]由此看来，古人很早就认识到潮汐是一种自然现象，而

---

①　伍子胥几次力谏吴王夫差休养生息、放弃攻打邻国。夫差固执已见，不但不从谏如流，还赐剑令伍
子胥自杀，并将其抛尸江海。夫差的倒行逆施使国力日下、民心散失，吴国终为越王勾践所灭。民间感
念伍子胥的忠心和冤屈，传说其掀起潮汐以鸣不平。

不是人为或鬼神的力量造成的。

此外，古人对潮汐的一些描述是符合观测事实并有科学根据的。例如，唐代诗人白居易在《潮》中写道：

> 早潮才落晚潮来，
> 一月周流六十回。
> 不独光阴朝复暮，
> 杭州老去被潮催。

这实际上描述了钱塘江一天内有两次高潮，分别为早潮和晚潮，若按 30 天计，一个月中就有 60 次高潮。而唐代窦叔蒙则完成了世界上第一本全面论述潮汐的专著《海涛志》，他以严密的观察和精准的计算得出一个潮汐循环所需时间为 12 小时 25 分 14 秒，按现在的一天为 24 小时来计算，一天就有两次潮汐。此外，窦叔蒙还论证了潮汐的起伏、盛衰都和月亮的周日和周月运行相关联，可以说《海涛志》是一部开创潮汐精确预报的著作。

二、物理学原理

潮汐是沿海地区的一种自然现象，指海水在天体（主要是月球和太阳）引潮力作用下所产生的周期性运动，习惯上，潮汐指海面垂直方向的涨落，潮流指海水在水平方向的流动。为了表示生潮的时刻，我们的祖先把发生在早晨的高潮叫潮，发生在晚上的高潮叫汐。这是潮汐的名称由来。

接下来我们从万有引力定律出发来分析潮汐的成因。万有引力是说，宇宙间的任何两个物体之间都存在彼此吸引的力，其大小与两个物体质量的乘积成正比，与它们之间的距离平方成反比。先考虑月球与地球间的引力作用。在该力的作用下，以地心为参照系，地球和月亮构成的系统围绕着共同的质心旋转。但地球的体积很大，地球上不同地点的海水与月球的距离不一样，所受到的月球引力也不相同。如图 1-34 所示，设 E 是地球，P 为月球，地球的半径是 r，地心 O 到 P 的距离为 R。很明显，地球上的点 A（近月点）处的海水与月球的距离最近，为 $R-r$，受到月球的引力最大；而点 B（远月点）处的海水则与月球的距离最远，为 $R+r$，受到的月球引力最小。A 点和 B 点处海水受到月球引力的方向都指向月球 P。与此同时，因地球绕地月系统质心 Q 旋转，地球上各处的海水还要受到一个惯性离心力的作用。这就好像人坐在公共汽车上，当汽车以一定的弧度拐弯时，以车为参考系人要受到一个惯性力，而且这个惯性力与向心力大小相等、方向相反，由此人才能相对车保持静止。对于地心参考系而言，任何物体受到的惯性力等于把它放到地心处时所受引力的负值，具体而言，图 1-34 中 A、B 两点处相同质量的海水受到的惯性力大小是相同的，都等于将这些海水放到地心处月球对它们的引力，方向都背离月球 P。这样一来，地球上的任意物体都受到两种力的作用，即月球对它的万有引力及因地球绕地月质心 Q 旋转而形成的惯性离心力，人们把地面上各处海水受到的这两力的合力称为引潮力。地心 O 点处的质点受到的万有引力和惯性力大小相等、方向相反，受力平衡。而地面上各处的海水则不然，二力之间大小有差距，方向也可能不同。例如，A、B 两点处的海水，引力都是指向 P 而惯性力背向 P，A 点处的引力大于惯性力，则引潮力指向 P，出现涨潮；而 B 点处的惯性力大于引力，引潮力背向 P，也出现涨潮，这就使本应是球形的海平面微微呈现出纺锤体形状。随着地球的自转，一个地方一昼夜会有两次靠近和远离月球，形成两次高潮。而且，由于月球的运行每天到达的同一位置比前一天推迟 49 分钟左右，所以潮汐也相应地推迟。

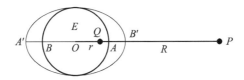

图 1-34　引潮力示意图

下面来考虑太阳对潮汐的影响。用现在已知的数据，太阳的质量约是地球的 333 500 倍，而地球的质量约是月球的 81 倍，且太阳到地球的距离约为地球到月亮距离的 391 倍。将这些数据代入万有引力公式可以计算出，太阳对地球的引力大约是月球对地球的引力的 180 倍。就是说，地球上的任何一滴水，受太阳的引力要比月球的引力大一百多倍。但是引潮力与万有引力不同，它与质量成正比，与距离的立方（而不是平方）成反比，这是因为它除去引力的均匀部分后还剩下高阶效应。将相应的数据代入引潮力公式，能够算出月球的引潮力是太阳的引潮力的 2.2 倍。因而月球对潮汐的影响比太阳的影响要大，且潮汐和月球运行是同步的。

但是，太阳对潮汐的影响也不能完全忽略。由图 1-35 和图 1-36 可以看出，在月球朔望时候（即农历每月初一和十五），由于太阳的引潮力与月球的引潮力叠加，所以潮差很大；而到上下弦时，由于两个引潮力相互垂直、互相抵消，所以潮差会达到最小。同时，还能够考虑太阳处于远地点和近地点对潮汐一年中变化的影响。

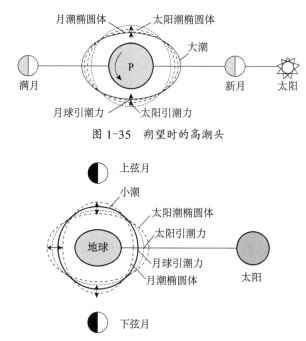

图 1-35　朔望时的高潮头

图 1-36　上下弦月时的低潮头

三、实践与应用

　　世界上有三大著名的天文潮，分别是印度的恒河潮、巴西的亚马孙潮与中国的钱塘潮。这三大河流的入海口都呈喇叭状，涨潮时海水汇聚，威力巨大、场面壮观。其中我国钱塘潮雄伟奇丽、豪壮动人，北宋诗人陈师道（1053—1102）在《十七日观潮》中写道："漫漫平沙走白虹，瑶台失手玉杯空。"意思是说，涌上来的潮水像一道白色的长虹，奔腾汹涌，好似天上瑶台中的水被泼向了人间。这是因为海水涨潮倒灌进钱塘江的入海口，受到河床的约束，排山倒海般层层相叠，掀起巨大波澜（图 1-37）。一般而言，农历八月十六日至十八日潮涌最大，因为这一时间段太阳、月球、地球几乎在一条直线上，海水受到的引潮力最大。再加上沿海一带常刮东南风，风向与潮水方向大体一致，助长了潮势。

图 1-37　钱塘潮（张烈峰摄）

钱塘潮的盛况，南宋文人周密（1232—1298）在《观潮》中写道 "大声如雷霆，震撼激射，吞天沃日，势极雄豪""水爆轰震，声如崩山"，而观潮的人 "江干上下十余里间，珠翠罗绮溢目，车马塞途，饮食百物皆倍穹常时，而僦赁看幕，虽席地不容间也。" 意思是说，在江岸上下游十余里之间，满眼都是衣着华丽的观众，车马往来拥挤，路途为之阻塞。各类饮食物品，比平时价格高出几倍。而游客租借观赏的帐篷支起来密密麻麻，没有留下哪怕一席之地。

值得一提的是，钱塘江水下多沉沙，潮水易进难退，当大量潮水涌进来时，后浪推前浪，速度极快，最快可达到每秒 12 米，按这个速度前进 100 米只需要 8 秒多，这比人类 100 米赛跑的世界纪录都要快 1 秒多。而普通人的奔跑速度仅每秒 7 米左右，远不及潮水的速度快，因此那些觉得在钱塘江潮水到来之前可以跑回大堤的观潮人要注意自身安全。

潮汐中蕴藏着巨大的能量，人们把这种能量称为潮汐能，潮汐能是一种清洁的可再生能源。潮水每日涨落，周而复始，理论上潮汐能可以说是取之不尽、用之不竭。涨潮时，随着海水水位的升高，海水的巨大动能转化为势能；落潮时，海水水位逐渐降低，势能又转化为动能。潮汐可以用来发电，一般是修建一个水坝（图 1-38），涨潮时将海水储存在水库内，落潮时放出海水，无论是来潮还是退潮海水都可以推动涡轮机发电。这与普通水力发电原理类似，只不过相对于河水，海水具有落差小、流量大、间歇性等特点，因而在设计潮汐发电的涡轮机时应该充分考虑海水流动的这些特点。

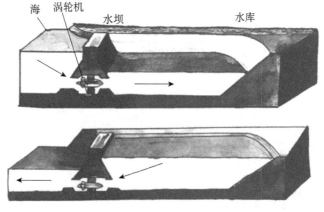

图 1-38 潮汐发电示意图

我国已经从 1957 年开始设计并于 1978 年在山东乳山县白沙口建设了第一座潮汐电站，1986 年在浙江省乐清湾北端的江厦港建成了总装机容量为 3200 千瓦的潮汐电站，为当时世界第三大潮汐电站。

第十节 传统文化与伯努利方程

一、传统文化赏析

唐代著名诗人杜甫是伟大的现实主义诗人，他的诗风格多样，极尽变化之能事，符合韵律而又摆脱了声律的束缚，对仗工整而又看不出斧凿的痕迹，已达炉火纯青之境，被称为"诗史"，在中国古典诗歌中的影响非常深远。杜甫被后人称为"诗圣"，他推崇"致君尧舜上，再使风俗淳"的儒家仁政思想。由于生活于唐朝由盛转衰的历史时期，在颠沛流离的生活中，他不忘忧国忧民，其许多作品反映的是当时的民生疾苦和政治动乱。随着唐玄宗李隆基（685—762）后期政治越来越腐败，杜甫的生活也日益陷入贫困失望的境地。下面的这首《茅屋为秋风所破歌》作于公元 761 年 8 月，当时唐玄宗已经退位，唐肃宗李亨（711—762）已经继位，但安史之乱尚未完全平息。公元 759

年的秋天，杜甫弃官到秦州（今甘肃天水），又辗转经同谷（今甘肃成县）到了巴陵。公元760年的春天，杜甫求亲告友，在成都浣花溪边盖起了一座茅屋，总算有了一个栖身之所。不料到了公元761年8月，大风破屋，大雨又接踵而至（图1-39）。诗人由自身遭遇联想到战乱以来的万方多难，长夜难眠，感慨万千，写下了这篇脍炙人口的诗篇。① 下面让我们来欣赏这首诗。

八月秋高风怒号，卷我屋上三重茅。

茅飞渡江洒江郊，高者挂罥长林梢，下者飘转沉塘坳。

南村群童欺我老无力，忍能对面为盗贼，

公然抱茅入竹去，唇焦口燥呼不得！归来倚杖自叹息。

俄顷风定云墨色，秋天漠漠向昏黑。

布衾多年冷似铁，娇儿恶卧踏里裂。

床头屋漏无干处，雨脚如麻未断绝。

自经丧乱少睡眠，长夜沾湿何由彻？

安得广厦千万间，大庇天下寒士俱欢颜，风雨不动安如山！

呜呼！何时眼前突兀见此屋，吾庐独破受冻死亦足！

图1-39 茅屋为秋风所破

这首诗描绘了秋夜屋漏、风雨交加的情景，真实地记录了草堂生活的一

① http://so.gushiwen.org/view_10521.aspx.2016-08-29.

个片段。杜甫写的是自己的数间茅屋，但不是孤立地、单纯地描写他本身的痛苦，而是据此来表现"天下寒士"的痛苦，以及社会的苦难、时代的苦难，抒发了作者忧国忧民的情感。尤其"安得广厦千万间，大庇天下寒士俱欢颜，风雨不动安如山"一句，是以切身的体验，推己及人，进一步把自己的困苦丢在一边，设想大庇天下寒士的万间广厦，表达了从痛苦生活体验中迸发出来的奔放的激情和火热的希望。"呜呼！何时眼前突兀见此屋，吾庐独破受冻死亦足！"诗人的博大胸襟和崇高理想，至此表现得淋漓尽致。[1]

在这首诗中，"八月秋高风怒号，卷我屋上三重茅"描述了风的效应，凌厉的秋风掀起屋顶的茅草，使其七零八落地随风飘扬。表面上看这是因为茅草被风形成的作用力刮走，本质上是风速导致茅草上下出现压力差，茅草因此被卷走。根据伯努利方程，流体的压强与流速有关，流体速度加快时，物体与流体接触界面上的压力会减小。刮风时，杜甫茅草屋的屋顶空气流动得很快，而屋面下的空气流速相对慢得多，这时屋面下气压大于屋面上气压。若风越刮越大，则屋面上下的压力差就会越来越大，一旦风速超过一定程度，这个压力差就会导致茅草离开屋顶，四处飘落。

杜甫诗中描述的是风卷起了屋顶的茅草，而宋朝著名女词人李清照在《醉花阴·薄雾浓云愁永昼》中描述的是风卷起了窗帘。

> 薄雾浓云愁永昼，瑞脑消金兽。
>
> 佳节又重阳，玉枕纱厨，半夜凉初透。
>
> 东篱把酒黄昏后，有暗香盈袖。
>
> 莫道不销魂，帘卷西风，人比黄花瘦。

大致意思是：薄雾弥漫，云层浓密，日子过得愁烦，龙脑香在金兽香炉中缭绕直至消散。又到了重阳佳节，卧在玉枕纱帐中，半夜的凉气刚将全身浸透。在东篱边饮酒直到黄昏以后，淡淡的黄菊清香溢满双袖。莫要说清秋不让人伤神，西风卷起珠帘，帘内的人儿比那黄花更加消瘦。

李清照也是婉约派词人的主要代表人物之一，她的词婉转含蓄，音律和谐，语言清丽，有一种柔婉之美。这首《醉花阴·薄雾浓云愁永昼》是她前期的怀人之作。宋徽宗建中靖国元年（1101），18岁的李清照嫁给太学生赵明诚，婚后不久，丈夫便"负笈远游"，深闺寂寞，她深深思念着远行的丈夫。崇宁二年（1103），时届重九，人逢佳节倍思亲，便写了这首词寄给赵明诚。

---

① http://so.gushiwen.org/view_10521.aspx.2016-08-29.

作者通过描述重阳节把酒赏菊的情景，烘托了一种凄凉寂寥的氛围，表达了作者思念丈夫的孤独与寂寞的心情。上阙咏节令，写别愁；下阙写赏菊情景。作者在自然景物的描写中，加入自己浓重的感情色彩，使客观环境和人物内心的情绪融合交织。尤其是结尾三句，营造了西风瘦菊、佳节冷落、佳人对花兴叹、顾花自怜的图画，用黄花比喻人的憔悴，以瘦暗示相思之深。全词含蓄深沉，言有尽而意无穷，历来广为传颂。传说李清照将此词寄给赵明诚后，惹得赵明诚比试之心大起，遂三夜未眠，作词数阕，然终未胜过李清照的这首《醉花阴·薄雾浓云愁永昼》。[①]

这首词中的"莫道不销魂，帘卷西风，人比黄花瘦"是说西风吹拂，掀起了室内的帘子。这也是由风导致的室内外压力差引起的。词人的屋子内外由窗帘隔开，若其窗户朝南，当西风拂来，屋外空气流速增大，使屋内外出现压力差，从而将帘子掀起。

有兴趣的读者不妨做一个类似的小试验。拿一张打印纸，下嘴唇紧邻纸边，当吹出的空气拂过纸上时，减少了纸面上的压力，在大气压力作用下，纸面下方的空气将纸向上推，进而使纸卷起来。这里，纸张的运动与杜甫诗中屋顶茅草的吹落、李清照词中窗帘的卷起具有相同的物理学原理——伯努利方程。只不过后两者具有了人文的意义，通过对生活中某一现象的描写，表达了或忧思家国或相思寂寞的情怀。

二、物理学原理

伯努利是瑞士物理学家、数学家、医学家，他的家族出了8位优秀科学家。伯努利本人在研究流体运动时，分析了流体沿运动流线的压强、速度、高度等物理量的变化，于1738年提出了表达运动流体机械能守恒的方程。人们为了表彰他所做出的贡献，将该方程定名为伯努利方程。

如果将流体分成一层一层的，层与层之间流速不一样，它们之间就会有内摩擦力的作用，这就是流体黏滞性的由来。人在水中行走远不如在空气中那么自如，是因为人在水中受到的黏滞阻力比在空气中要大。但是，很多情况下，在流动过程中相对于流体的动能、压力能而言，黏滞阻力做功很少，可以近似地认为流动过程中机械能守恒。具体而言，当流体在固定位置的流速不因时间

---

① http://so.gushiwen.org/view_52809.aspx.2016-09-26.

的推移而改变时（定常流动），单位体积流体的压力能 P、重力势能 ρgh 和动能 $1/2\rho v^2$ 总和保持不变，这里 P 为压强，ρ 为流体的密度，v 为流速，h 为高度。据此，对于流体流动过程中所经过的不同位置点，其压力能、重力势能和动能之和都相等。该表述若用数学公式表示是一个方程形式，这就是伯努利方程。

若运动的流体是气体，则可忽略其质量。既然不考虑质量，气体所具有的势能也可忽略，伯努利方程简单表述为压力能 P 和动能 $1/2\rho v^2$ 之和保持不变，也就是说流速大的地方，压强小。

三、实践与应用

流速不同导致的压力差在生活中也很常见。例如，洗澡时花洒中的水流带动空气流动，使其流速加快，浴室内压强随之降低，室内外的压强差使浴帘向浴室方向倾斜。又如大家在乘坐地铁时，会发现站台边画有一条安全黄线，提醒乘客车未停稳时不可距离列车太近。因为火车进站时，车体周围的空气将被带动而流速增加，车厢附近的气压降低，若站台上的旅客离列车过近，其身体前后出现明显压强差，旅客有可能被吸向列车而受到伤害。在火车以每小时 50千米的速度前进时，大约有 50 牛顿左右的力从身后把人推向火车。同样的道理，到水流湍急的江河里去游泳也要注意安全。据测算，当江心的水流以每秒1 米的速度前进时，约有 200 牛顿的力在吸引着人的身体，这个力的大小相当于 20 千克物体的重量，在水中摆脱这么大的吸力，就是游泳能手也并非易事。事实上，飞机也正是运用了这样的原理才飞起来的。飞机起飞时，由于机翼形状的变化，机翼上面的空气比下面的空气流动得快，这样，机翼下侧的强大压力把飞机向上托，飞机就飞起来了。

一些乒乓球好手知道，在攻球中添加强烈的上旋，可以使裹挟着强劲力量和较快速度的乒乓球在过网后及时下沉，从而增加飞行弧线的弯曲程度、缩短打出的距离，给对手接球增加难度。这就是上旋弧圈球，乒乓球在前进的同时伴随着强烈的逆时针旋转。如图 1-40（甲）所示，不旋转的乒乓球在空气中前进时，空气被乒乓球挤压以后形成层流，以与球前进的相反方向从球体表面流过。如图 1-40（乙）所示，乒乓球高速前进过程中，强烈的旋转使球体表面的空气形成一个环流，环流在球体上部与空气层流的流动方向相反，在球体下部与层流流动方向一致，导致球体上部的空气流速慢，而下部的空气流速快。根据伯努利方程，流速慢的压强大，流速快的压强小，这样球体就得到了一个向下的力，由此产生了一个向下的加速度。如图1-40（丙）所示，正是在这个向下加速度的作用下，乒乓球在高速运动中及时下沉，既保持了击球的杀伤力，又遵循规则落在球台上。

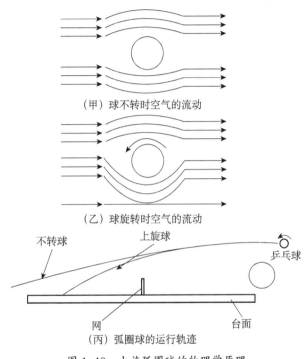

（甲）球不转时空气的流动

（乙）球旋转时空气的流动

（丙）弧圈球的运行轨迹

图1-40 上旋弧圈球的物理学原理

　　旋转的乒乓球攻击力强，旋转的足球飞向球门时有时候让守门员防不胜防。如图1-41所示，足球比赛中罚前场任意球的时候，通常是五六个防守球员在球门前组成一道"人墙"，挡住进球路线。然而，如果进攻方的主罚队员脚法出众的话，他起脚一记劲射，球往往能绕过"人墙"，眼看要偏离球门飞出，却又沿弧线拐入球门，给守门员很大的困扰。由于球运行的轨迹与香蕉的外形弧线相近，人们形象地称之为"香蕉球"。原来，罚球的时候，运动员的踢球点稍稍偏向足球中心的一侧，把球"搓"起来，使球在前进的同时还不断地旋转。与乒乓球的弧圈球类似，球一侧空气的流动速度加快，而另一侧空气的流动速度减慢，由此足球两侧的压强不一样。于是，球在空气压力的作用下，被迫向空气流速大的一侧转弯了。

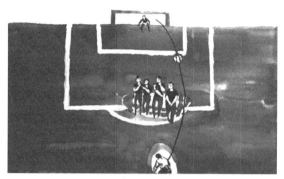

（甲）"香蕉球"的运行轨迹

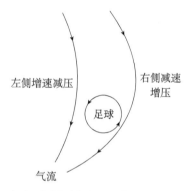

（乙）"香蕉球"的物理学原理

图 1-41 "香蕉球"的运行轨迹及其物理学原理

弧圈球和"香蕉球"都是通过球体旋转产生的空气环流来使球体不同侧出现压力差，而船吸现象则是源于船体两侧不同的水压。船吸，顾名思义就是两船之间相互吸引，是指两艘船在平行驶向前方的过程中因彼此靠得较近而产生的相互碰撞事故（图 1-42）。其原理如图 1-43 所示，当两艘船平行前行时，两艘船中间的水比外侧的水流得快，由伯努利方程可知，流速越大，压强越小。因此，中间水对两船内侧的压强也就比外侧水对两船外侧的压强要小。于是，在内外侧水的压力差作用下，两船渐渐靠近，最后相撞。

鉴于这类海难事故不断发生，世界海事组织对航海规则作了严格的规定，要求两船同向行驶时，彼此必须保持必要的间隔，尤其在通过狭窄地段时，小船与大船彼此应规避。

图 1-42　船吸现象

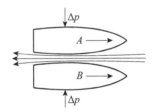

图 1-43　船吸现象的物理学原理

第二章
传统文化与热学

　　人类生活在季节交替、天气变幻的自然界中。风霜雨雪等自然现象既给人类带来生活的考验，又给人类营造了诗意的氛围，人们由此创作了许多优美的文学作品。生活中处处有物理，即便是春天的花香，也是分子热运动的结果；匠心独具的冻豆腐美食，事实上运用了水的反常密度特性；瀹茶煎水、纸铫煎茶是将水的沸腾与茶艺融合在了一起；大约 1000 年前出土的伊阳古瓶，则是通过减少热的传导、对流和辐射而有效地抑制了热量流失。

　　将传统文化与物理学相结合，你会发现李白的《将进酒》竟然和热力学中的熵增原理有联系；愚公移山、铁杵磨成针的典故竟然可以说明热力学的准静态过程；中庸思想竟然成了二流体模型的思想内核……

　　接下来，就让我们徜徉在传统文化的意境里，感受热学的奇妙吧！

第一节　传统文化与保温现象

一、传统文化赏析

《夷坚志》是宋朝著名的志怪小说集，分为甲、乙、丙、丁四集，为南宋文学家洪迈（1123—1202）晚年所著，书名出自战国时期的《列子·汤问》中的"夷坚闻而志之"。这部书记载了宋人的一些遗文轶事、诗词歌赋、风尚习俗及中医方药等，可谓网罗万象。

《夷坚甲志》卷十五中记载了有关伊阳古瓶的故事。

张虞卿者，文定公齐贤裔孙。居西京伊阳县小水镇，得古瓦瓶于土中，色甚黑，颇爱之，置之书室养花。方冬极寒，一夕忘去水，意为冻裂。明日视之，凡他物有水者皆冻，独此瓶不然，异之。试注以汤，终日不冷。张或与客出郊，置瓶于箧，倾水瀹茗，皆如新沸者。自是始知秘惜。后为醉仆触碎，视其中，与常陶器等，但夹底厚几二寸，有鬼执火以燎，刻画甚精，无人能识其为何时物也。

文中的文定公齐贤就是宋真宗时期的兵部尚书张齐贤（942—1014）。西京伊阳县现为河南省洛阳市汝阳县；箧（qiè）：箱子；瀹茗：煮茶。整段话的意思是说，张虞卿是文定公张齐贤的孙子，他得到了一个黑色的出土文物——古瓦瓶，非常喜爱，将其放置在书房养花。在极为寒冷的冬天，有一天晚上虞卿忘记了将瓶中水倒出，心想古瓶一定会被冻坏开裂，但是第二天去看，却发现其他装有水的花瓶都冻坏了，唯独此瓶安然无恙。张虞卿感到很奇怪，于是将热水倒入其中做试验，发现水整日都不变冷。有时外出郊游时，他将这个瓶子放置在箱子中带着，倒水泡茶，水就像刚刚煮沸的一样。自这以后，他才知道珍惜它。后来喝醉酒的仆人不小心碰到该瓶将其打碎，其中的奥秘才被揭开。人们发现其内部与一般的陶瓷瓶相同，但是此瓶有约两寸厚的夹层，且其内层刻画有甚为精细的图案，画中似乎是小鬼拿着火把在烤燎。没有人能确认这个瓶子是什么年代的。

这实际上就是我国最早的有关保温瓶的记载。其保温是因为有夹层，说明这种暖水瓶是中间有空隙的双壁构造。这两寸厚的空气层，有效地抑制了热传导，其保温效果较普通瓦瓶自然大为增强。此瓶在宋朝时已经是出土文物，连当时的人都不知道为何物，可见年代颇为久远。

在《夷坚丁志》卷十七中记载了琉璃瓶的故事。

徽宗尝以紫流离胆瓶十，付小珰，使命匠范金托其里。珰持示范匠，皆束手曰："置金于中，当用铁篦熨烙之乃妥贴，而是器颈窄不能容，又脆薄不堪手触，必治之且破碎，宁获罪不敢为也。"珰知不可强，漫贮箧中。他日，行廛间，见锡工扣陶器精甚，试以一授之曰："为我托里。"工不复拟议，但约明旦来取。至则已毕，珰曰："吾观汝伎能，绝出禁苑诸人右，顾屈居此，得非以贫累乎？"因以实谂之。答曰："易事耳。"珰即与俱入而奏其事，上亦欲亲阅视，为之幸后苑，悉呼众金工列庭下，一一询之，皆如昨说。锡工者独前，取金锻冶，薄如纸，举而裹瓶外。众咄曰："若然，谁不能？固知汝俗工，何足办此？"其人笑不应，俄剥所裹者押于银箸上，插瓶中，稍稍实以汞，掩瓶口，左右湏捅之。良久，金附著满中，了无罅隙，徐以爪甲匀其上而已。众始愕眙相视。其人奏言："琉璃为器，岂复容坚物振触？独水银柔而重，徐入而不伤，虽其性必蚀金，然非目所睹处，无害也。"上大喜，厚赉赐，遣之。

文中的"流离"，也写成琉璃，指玻璃；小珰：小太监；廛：指古代城市平民的住地；谂：告诉，说；掩（yǎn）：通"掩"；湏：水银；捅：摇动；眙：直视，瞪着眼睛；振：碰撞，接触。整段话的意思为：宋徽宗曾经把十个紫琉璃胆瓶交给小太监，让其命令工匠在瓶里面镀一层金。小太监将此任务分配给宫廷的工匠们，他们都束手无策，说："把金子镀在里边，应该用烙铁熨烙使金子平整才行。但是琉璃瓶的瓶颈太窄，烙铁不能伸进去，而且瓶又脆又薄，用手去触碰都容易破碎。我们即便获罪，也不敢担此重任。"小太监知道这事强求不得，只好将瓶随手放进了箱子里。后来小太监在城里民居间行走，发现一位锡匠给陶器镀锡的工艺很精巧，就试着拿了一个琉璃瓶给他，让其在内壁镀金。锡匠没有推辞，只是告知小太监第二天来取。第二天，小太监果然拿到了镀好的琉璃瓶。小太监说："我看你的技术，确实比宫里的工匠高明。你委屈地居住在这里，又怎么能不贫困而劳累呢？"说完，把琉璃瓶内胆镀金一事的原委告诉了锡匠。锡匠点头应允，回答说，这事容易。于是小太监入宫向皇帝禀报了这件事。皇上也打算亲自观看，为此亲自到了后花园，并把宫廷金匠全部召集到庭院里，一一问询他们能否完成内胆镀金的任务，工匠们无能为力，他们的回答一如从前。只有锡匠独自上前，取一块金子锻打，金子被锻打成如纸一样薄后裹在瓶外边。众人嗤笑说："这样做谁不行？就知道你是个低级的工匠，怎么能够做到在瓶里边镀金？"锡匠笑而不答，不一会儿剥下裹在瓶上的金箔，将其固定在银筷子上插进瓶里，并把水银慢慢滴进瓶里。盖上瓶口后，来回摇动让水银布满瓶内。等待较长时间后，金箔全部附在内壁上了，一点儿缝隙都没有，然后慢慢地用指甲修整均匀。众人这才惊愕地瞪大眼睛面面相觑。锡匠向皇上介绍说："琉璃这种器具，怎么能够承受得住硬物的震荡呢？只有水银柔且沉，将其缓缓倒进去才不致损坏瓶子。尽管水银有腐蚀金子的性质，不过这是在瓶内发生的，眼睛看不到就无伤大雅了。"皇上大喜，厚赏后打发他走了。

这段话中涉及不少科学知识。锡匠先在瓶外裹一层金箔，是因为胆瓶的壁很薄，外壁与内壁的面积相差无几，通过外层裹金箔可估测瓶内镀金所需金箔数量。汞，俗称水银，它可以和多种金属形成汞合金，或称为汞齐。把汞与金放在一起，在常温下就可以反应，金子表面的金色逐渐变成银白色。这实际上是汞附着于金的表面，扩散到金的晶格中形成了表面合金，而金的内部晶格结构不变。更重要的是，这段话说明宋代人已发现了制造类似今日保温瓶的方法，就是将金箔贴于琉璃瓶夹层的内面，又通过夹缝灌入少许水银。在瓶胆上涂一层薄薄的水银，使它成为反射光线和反射热的一面镜子，从而利用水银层把热辐射挡了回去。这样，热就不致散失，起到了保温作用。这与现代暖水瓶的保温原理已经非常接近了，现代保温瓶是一种双层玻璃或不锈钢容器，内外壁在顶部完全封拢，在底部将夹层中的空气抽出来。玻璃的暖水瓶内壁还镀有一层水银，目的是减少辐射传导掉的热量（图2-1）。

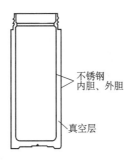

不锈钢
内胆、外胆

真空层

图2-1　普通型保温瓶的构造

　　此外，清代学者方以智（1611—1671）对保温现象的观察也十分细致。他在《物理小识》中记载："冰在暑时以厚絮裹之，虽置日不化，唯见风始化。"用厚棉絮把冰包起来就可以防止热的辐射和对流以保温，这种方法至今还被人们采用。用棉被包裹冰棒、雪糕等冷饮食品，可以防止外界的热传导到冷饮箱内，从而使其仍然保持低温，不会融化。

　　棉花本身就是热的不良导体，而且棉絮间含有大量的空气，不流动的空气也是热的不良导体，二者合在一起保温效果特别好。因此，棉被不仅可以保热，还可以保冷，冬天可以盖棉被保持人身体的热量，夏天可以用棉被盖住冰柜保持内部的低温。我国传统手工艺之一的弹棉花（图2-2），历史悠久，早在元代就已出现。元代农学家王桢所著的《农书·农器·纩絮门》中记载了木棉弹弓："以竹为之，长可四尺许，上一截颇长而弯，下一截稍短而劲。控以绳弦，用弹绵英，如弹毡毛法。务使结者开，实者虚；假其功用，非弓不可。"其物理学原理在于弹弓贴近棉花，用木榔头敲击弦，棉花在拉力与摩擦力的作用下就会渐渐变得疏松。其基本目的是使棉纤维变得蓬松均匀，而不致结成块，这样可以使纤维之间充满空气，增加透气性，同时达到隔热的效果。

图 2-2　弹棉花

二、物理学原理

在物理学中，热量传递的方式有三种：热传导、热辐射和对流。为了保温，就需要抑制热量的传递，有针对性地防止热传导、热辐射和对流。

热传导是热量从系统的一部分传到另一部分或由一个系统传到另一个系统的现象，是固体中热传递的主要方式。各种物质的热传导性能不同：一般金属都是热的良导体，玻璃、木材、棉毛制品、羽毛、毛皮、液体和气体都是热的不良导体。石棉的热传导性能极差，常作为绝热材料。金属在导热过程中，热端的自由电子携带能量在整块金属中运动，与原子和其他自由电子碰撞，进行能量传递，从而将热量从热端传递到冷端。而一些热的不良导体，其原子的外层电子被牢牢束缚住，不利于碰撞传热。

在气体或液体中，热传导过程往往和对流同时发生。对流是液体或气体中较热部分和较冷部分之间通过循环流动使温度趋于均匀的过程。对流可分自然对流和强迫对流两种。自然对流往往自然发生，是由温度不均匀而引起的。强迫对流是由于外界的影响对流体搅拌而形成的。如果从底部加热流体，底部分子运动加快，分子传播开去，导致底部密度变低，向上浮动。致密、较冷的流体向下运动，进入底部原来温暖流体的位置。如此周而复始，流体形成对流传递热量。

物体因自身的温度而具有向外发射能量的本领，这种热传递的方式叫作热辐射。热辐射虽然也是热传递的一种方式，但它能不依靠介质把热量直接从一个系统传给另一系统。热辐射以电磁辐射的形式发出能量，温度越高，辐射越强。事实上，人们周围的所有物体，都在持续地发射出一定频率范围的辐射能。日常温度的物体发射出的光大多是低频红外光，它们不在可见光频率范围内，不能为人的视觉所感知，且因其频率较小，能量不够高，人们可能不会感觉到自己身体热量的增加。但是，太阳、火炉中的火苗等发射出的是高频红外光，其能量足够高，以至于能够被人的皮肤感知，会感觉到热。此外，在流感高发的季节，幼儿园的老师可能会手持一个红外体温计，对准孩子的额头，按下按钮，其体温的数字读数就显示出来了。这正是通过测量孩子发出的热辐射来读出他们的体温值的。

三、实践与应用

1892年，英国物理学家、化学家杜瓦设计了由双层壁构成的容器，该容器的双壁间被抽成高真空。在真空环境下，无法通过分子和电子碰撞的方式发生热能传递，也无法产生流体对流。再加上该容器内壁通向室温部分的接口选用热传导差的软木塞，能有效抑制以传导和对流的方式传热。此外，双层壁相对的两个表面镀银或抛光，把热辐射反射回容器内，有效减少了辐射热损失。为表彰杜瓦的贡献，人们把这种容器命名为杜瓦瓶。杜瓦瓶是储藏液态气体、进行低温研究和晶体元件保护的一种较理想的工具，运用它成功液化了氧气、氢气等多种气体，为低温物理的研究提供了条件。后来，德国的膳魔师公司将杜瓦瓶改造成人人皆知的日用品——热水瓶。1925年开始有大众化的廉价塑料热水瓶出售。

此外，随着世界范围内能源的日趋紧张，绝热材料在节能方面的意义日益突出，它能大幅度减少能源的消耗，从而减少环境污染和温室效应。仅就居民采暖的空调而言，通过使用绝热材料，可在现有的基础上节能50%~80%。绝热材料一般是指导热系数小于或等于0.2的材料。有些国家将绝热材料看作是继煤炭、石油、天然气、核能之后的第五大"能源"。工业和建筑中采用良好的保温技术与材料，往往可以达到事半功倍的效果。建筑中每使用1吨矿物棉绝热制品，1年可节约1吨石油。目前的节能实践证明，每使用1吨绝热材料，可节约标准煤3吨，其节能效益是材料生产成本的10倍。

随着技术的发展进步，人们利用温度传感器来精确控制温度，如空调和冰箱。以冰箱为例，冷藏室和冷冻室都可以设置温度，一旦温度传感器识别出实际温度高于设置的温度，温控电路就会驱动压缩机运行，使低温低压的气态工作物质（一般是氟利昂）被压缩成高温高压的气体，之后通过安装在冰箱两侧的冷凝器液化为高温高压的液体。这是一个放热的过程，因此压缩机启动后，冰箱两侧会发烫，这是正常的。随后，节流阀和毛细管使高温高压的液体转变为低温低压的液体后，流入安装在冷藏室和冷冻室的蒸发器，带走热量并使之降温，之后汽化为低温低压的气体，形成一个热力学循环。直到实际温度达到设置温度，压缩机才会停止运行。热量不可能自发地从低温物体传到高温物体，要完成这个过程需要外界做功驱动。做相同的功，若能够吸收更多的热量；或者吸收同等的热量，外界做的功越少，其制冷能力就越强。因此两台相同容量的冰箱相比，相同运行情况下，每天消耗电能少的那台制冷能力要强一些。

第二节　传统文化与雨雪霜雾

一、传统文化赏析

中国古代描写风霜雨雪等自然现象的诗歌屡见不鲜，早期如《诗经·蒹葭》中的"蒹葭（jiān jiā）苍苍，白露为霜，所谓伊人，在水一方"。意思是说，河边芦苇青苍苍，秋深露水结成霜，意中之人在何处？就在河水那一方。这里实际上描写了物态变化现象，说明了露和霜实质上是同一物质——水蒸气——经过不同物态变化过程而形成的。宋代著名词人柳永（约984—约1053）是第一位对宋词进行全面革新的词人，他将敷陈其事的赋法移植于词，同时充分运用俚词俗语，以适俗的意象、淋漓尽致的铺叙、平淡无华的白描等独特的艺术个性，对宋词的发展产生了深远影响。[1]柳永创作的《八声甘州·对潇潇暮雨洒江天》（图2-3）是一首描写羁旅漂泊之情的杰作，其中通过对雨和霜的描写，烘托出了秋天冷落清凉的意境：

对潇潇暮雨洒江天，一番洗清秋。

渐霜风凄紧，关河冷落，残照当楼。

是处红衰翠减，苒苒物华休。

惟有长江水，无语东流。

不忍登高临远，望故乡渺邈，归思难收。

叹年来踪迹，何事苦淹留？

想佳人妆楼颙（yóng）望，误几回天际识归舟。

争知我，倚阑干处，正恁（nèn）凝愁！

这首诗上阕通过"暮雨""霜风""残照""红衰翠减""长江水"等秋天的景象衬托出一种浓重的凄凉感；下阕直抒胸臆写明自己归家心切，又想象佳人望归的一番情态，逼真而感人。上阕前半段描写秋雨过后，风霜随之而来，分

---

[1] http://www.360doc.com/content/17/0421/20/37471631_647468087.shtml.2015-11-09.

外寒凉凄冷。为什么下雨后气温会低呢？这是因为地球上的水受到太阳光的照射后，就变成水蒸气被蒸发到空气中去了，水蒸气在高空遇到冷空气便凝聚成小水滴。这些小水滴都很小，直径大多只有0.01～0.02毫米，最大也只有0.2毫米。它们又小又轻，被空气中的上升气流托在空中。就是这些小水滴与空气中的尘埃等颗粒物结合，并逐步在空中聚成了云。随着小水滴的相互碰撞、并合，它们变得越来越大，当其直径增大到2～3毫米时，上升气流再也托不住了，它们便会降落下来，形成雨。当水滴落入地面，地面会因雨水的到来而被带走大量的热量。而且，雨的形成一般是高压冷空气和低压热气流相遇的结果，冷空气较重，故离地面最近。高压冷空气和低压热气流形成的气压差会导致风的形成，所以秋雨过后风霜更紧。

图 2-3　八声甘州·对潇潇暮雨洒江天

唐朝诗人张继在《枫桥夜泊》中也写到了霜：

> 月落乌啼霜满天，
>
> 江枫渔火对愁眠。
>
> 姑苏城外寒山寺，
>
> 夜半钟声到客船。

读着这首诗，人们的脑海中不由地浮现这样一个画面：一个秋天的夜晚，作者在科举考试中落榜了，他夜里翻来覆去睡不着。此时此刻，月亮西落，乌鸦啼叫，寒雾又铺天盖地而来。面对着岸边的枫树、江中的渔火，诗人更加愁烦难眠。半夜里，姑苏（今苏州）城外寒山寺的钟声传到了客船。这首诗明显是借景抒情，秋寒霜重，夜阑人静，诗人通过"月落""乌啼""霜满天""江枫""渔火"等一系列景物描写，渲染出凄清肃杀的气氛，为抒发自己的情感作铺垫。现代歌曲《涛声依旧》融入了这首诗的意境，颇受欢迎，传唱大江南北。

但撇开诗人所抒发的情感，单从自然现象来分析，善于观察的人们也许对诗中所描述的"霜满天"现象感到疑惑。的确，"雾满天"的现象很常见，但"霜满天"似乎很少见。在寒冷季节的清晨，草叶上、土块上常常会覆盖着一层霜，人们常常把这种现象叫"下霜"。每年十月下旬是二十四节气中的"霜降"节气。其实，霜不是从天空降下来的，而是在近地面的空气里形成的。霜的形成不仅和当时的天气条件有关，而且与所附着的物体的属性有关。在一定条件下，物体通过辐射散去热能（辐射冷却），使其表面的温度降低，甚至达到 0℃ 以下。若附近空气中的水蒸气过饱和，则多余的水蒸气就会析出，在物体表面上凝华为冰晶，这就是霜。[①] 因此，霜总是在有利于物体表面辐射冷却的天气条件下形成。而云对地面物体夜间的辐射冷却是有妨碍的，所以，霜大部分出现在晴朗的夜晚。此外，风对霜的形成也有影响。有微风的时候，空气缓慢地流过冷物体表面，不断地供应着水蒸气，有利于霜的形成。但是，风大的时候，由于空气流动得很快，接触冷物体表面的时间太短，而且上下层的空气容易互相混合，不利于温度降低，从而妨碍霜的形成。大致说来，当风速达到 3 级时，霜就不容易形成了。总结来看，既然霜是由水蒸气凝华而形成的固体小冰晶，怎么可能飘在空中而"满天"呢？比较合理的解释是，一方面诗人用了夸张的修辞手法；另一方面诗人为了整篇诗句的合辙、押韵而故意将"雾"改写成了"霜"，所以在翻译诗句时也许应为"寒雾满天"。

诗词中涉及风、霜、雨、雪等的描写多为抒情作铺垫，而谚语则是反映劳动人民的生活实际，并经过实践检验而流传下来的言简意赅的短语。一些谚语中蕴含丰富的物理学知识，如"霜前冷，雪后寒"，在降霜之前地面附近温度骤然变冷，空气中的过饱和水蒸气凝华成冰晶，附着在地面上形成霜，而凝华过程会放热，使气温较降霜之前有所回升，于是人们就感觉"霜前冷"了；雪融化时吸收热量，使空气的温度降低，因此人们感觉"雪后寒"。关于"雪"和"霜"，还有两句著名的谚语——"雪落高山，霜降平原""瑞雪兆丰年"。下雪天，高山气温低于山下平地气温，下到高山的雪不易融化，而下到平地的

---

① http://www.tianqi.com/news/98512.html.2015-08-05.

雪相对容易融化。所以同样气候条件下，高山上的雪比平地多。霜的形成需要大量水蒸气，山下平地表面上的水蒸气比高山上多，故平地比高山易形成霜。"瑞雪兆丰年"中的"兆"是"预示"的意思。为什么下雪反而预示来年是个丰收年呢？这是因为下到地上的雪有许多松散的空隙，里面充满着不流动的空气，是热的不良导体，它能较好地防止地里热量的散失，保护农作物在寒冷的冬季不被冻坏。因此，来年如无意外，就必定是一个丰收年。

二、物理学原理

物理学中，把物质从一种状态变化到另一种状态的过程叫作物态变化。物质的气、液、固三态变化及其吸放热情况如图 2-4 所示。雨雪霜雾其实是水的不同状态。当潮湿的空气变冷，空气中的水蒸气分子开始粘在一起，在地面附近发生凝结，形成了雾。从宏观上看，雾是近地气层中的一种天气现象，由大量的悬浮的小水点构成，使空气混浊，视野模糊不清。在严寒地带的寒冷天气，雾是由小冰晶构成的。形成雾的基本条件是近地面空气中的水蒸气充足，存在使水蒸气发生凝结的冷却过程和凝结核。实验证明，在风力微弱并有充足的凝结核（或凝华核）的条件下，最容易形成雾。

图 2-4　物态变化图

霜是凝结在温度低于 0℃ 的地面或地物上的白色冰晶。一般而言，冬天的早晨，地面的气温特别低，近地面的水蒸气遇冷凝华成的小冰晶附着在地面或植物上，这就是霜。而冬天的高空更寒冷，水蒸气被急剧冷却而降温，直接凝华成六角形的小冰晶——雪花。较低气温时，云是由许多小水滴组成的，而混合云是由小冰晶和过冷却水滴共同组成的。当一团空气对于冰晶已经达到饱和的时候，对于水滴来说却还没有达到饱和，这时混合云中的水蒸气向冰晶表面上凝华，而过冷却水滴却在蒸发，这就产生了冰晶从过冷却水滴上"吸附"水蒸气的现象。在这种情况下，冰晶增长得很快。另外，过冷却水是很不稳定的，一碰它，它就要冻结起来。所以，在混合云里，当过冷却水滴和冰晶相碰撞的时候，就会冻结附在冰晶表面，使冰晶迅速增大。当冰晶增大到能够克服空气阻力和浮力时，便落到地面，这就是雪花。

三、实践与应用

霜和雾有时候会给人们的生活带来困扰，如冰箱运行一段时间后内部容易生霜，它由冰箱内部的过饱和水蒸气随着温度的下降凝结而成，这是由冰箱的冷冻环境决定的，难以避免。这些霜造成存储食物的体积减小，还影响冷冻的效果，因此应该定期清理。但霜牢牢凝固在冰箱内壁的四周，若用刀叉等工具去剥离，效果很差，还十分费事。前面提到，一般大风天气霜不易形成，可以切断冰箱电源后，使用电吹风或是电风扇对结霜的部位进行大挡位吹风，或者是将一盆温度较高的温水放入冷藏室，经过热量交换，几分钟后霜就会大量脱落、融化。但是如果放入开水，则可能会在冰箱内形成水蒸气过饱和，遇冷后反而有利于霜的进一步形成。

我国有些地区有时候出现浓雾天气，使能见度降低，危害交通安全；使日照时数缩短，降低农产品产量和品质；使污闪[①]诱发，威胁电力供应安全；使污染物质积聚，损害人体健康。为了抗御浓雾的不良影响，人们进行了人工消雾，比较典型的有两种方法。一种是用飞机或地面的大炮等设备，将干冰、液化丙烷、液氮等催化剂播撒到雾中，对冷雾进行人工引晶催化。这些催化剂产生大量冰晶，使过饱和水蒸气凝华成小冰晶，继而引起一系列的繁生增长过程，结果雾中产生了降雪，或是冰晶不断长大降落地面，从而减少雾滴的分布，提高能见度；另一种方法是把飞机涡轮喷气发动机改装成消雾装置，发动机发射出高温气体，随动力场扩散，形成一个较大范围的高温区，使雾滴蒸发，达到局部消雾的目的。[②]

当前，我国一些大城市上空的雾霾天气时有发生。雾霾的产生原因大致有三：一是工业废气，即工厂内燃料燃烧和生产工艺过程中产生的各种排入空气

---

① 电气设备绝缘表面附着的部分污秽物在潮湿条件下逐渐溶解于水，在绝缘表面形成一层导电膜，使设备绝缘水平降低，在电场作用下出现强烈放电现象。

② 牛生杰，陆春松，吕晶晶，等. 近年来中国雾研究进展. 气象科技进展，2016，6（2）：6-19.

中的污染物气体；二是汽车尾气，大型柴油车排放的尾气是 PM_{10}[①] 的主要来源，而小型汽油车虽然排放的是气态污染物，如氮氧化物等，但碰上雾天，也很容易转化为二次颗粒污染物，加重雾霾；三是飞扬的尘土，它们集聚在一定空间范围内，颗粒最终与水分子结核集聚成霾。我国科学家正在进一步研究雾霾的形成机理，力争从根本上解决雾霾问题，还蓝天于民。

第三节　传统文化与水的密度特性

一、传统文化赏析

王充（27—约97）是东汉杰出的唯物主义思想家和教育家，他是道家思想在汉代的继承者和发展者，认为天和地都是无意志的自然的物质实体，宇宙万物的运动变化和事物的生成是自然无为的结果；他善于以事实验证言论，对人的精神现象给予唯物的解释，否定鬼的存在，反对迷信。《论衡》是王充的代表作品，也是一部不朽的唯物主义著作。书中的《状留篇》里写道："河冰结合，非一之日寒；积土成山，非斯须之作。"此处"结合"，指冻结而凝合；"斯须"，一会儿，意即时间很短。这句话的大意是：河冰的冻结，不是一日的寒冷所致；积土成为高山，不是一会儿的工夫就能完成的。喻指事业的成功需要坚持不懈的努力；凡事必须从一点一滴做起，只有不断积累，才有可能取得硕果。这句话后来演变为谚语："冰冻三尺，非一日之寒；为山九仞，岂一日之功。"意指任何事情的发生都有其潜在的、长期存在的因素，不是突然之间就可以形成的。这句谚语是贬义时，多用来形容矛盾是日积月累形成的；是褒义时，则形容成绩实属来之不易。

王充所描述的"冰冻三尺，非一日之寒"来源于生活实践，是认真观察得来的，具有科学性。结冰是水的凝固现象，那么水的凝固为什么就"与众不同"，需要多日的寒冷累积才能达成呢？一般而言，物体具有热胀冷缩的性质，细心的读者会发现马路或大桥某些部位的连接处往往留置一定的空位，防止夏天因混凝土高温膨胀而损坏道路或桥梁。水在 4℃ 以上时，和许多物质一样，热胀冷缩，随温度升高体积增加，密度减小；可是在 0～4℃ 时，水却是反常

---

① 颗粒物的英文 Particulate Matter 的缩写为 PM，PM_{10} 即颗粒直径不大于 10 微米的污染物的颗粒。

膨胀，即热缩冷胀，当温度下降时体积反而增加，密度也变小。冬天的河水，当气温下降（但是还在 4℃ 以上）时，水热胀冷缩，上层河水与大气接触，温度较低，密度较大，就要下沉；河底水因不与空气直接接触，温度相对较高，密度较小，就要上升，这样形成对流，使全部河水不断冷却。当河水的温度降到 4℃ 时，水热缩冷胀，对流就停止了。随着气温继续降低，上层河水的温度不断下降，但密度越来越小，越变越轻，于是仍然浮在上部，而河底水温仍保持在 4℃。当上层的河水温度降到 0℃ 并继续对外放热时，河面开始结冰。但这以后，由于水和冰都是热的不良导体，光滑明亮的冰面又能防止辐射，所以热传递的三种方式都不易进行，冰下的水放热极为缓慢，结成厚厚的冰需要很长时间，所以才有"冰冻三尺，非一日之寒"的说法。

古人除了感知、了解、记载水的这种反常密度特性外，还将其应用于实践，大家比较熟悉的冻豆腐（图 2-5）就是一个典型的例子。冻豆腐是一种传统豆制品，由新鲜豆腐冷冻而成，孔隙多、弹性好、营养丰富、味道鲜美。清代学者朱彝（yí）尊（1629—1709）所著的饮食文献《食宪鸿秘》对冻豆腐有如下记载："严冬，将豆腐用水浸盆内，露一夜，水冰而腐不冻，然腐气已

图 2-5　桌上的美食即冻豆腐

除，味佳。或不用水浸，听其自冻，竟体作细蜂巢状。"豆腐本来是光滑细嫩的，冷冻以后发生了物理变化：内部出现无数的小孔，这些小孔大小不一，有的互相连通，有的闭合成一个个小"容器"，里面都充满了水分。因为水的反常密度特性，即在 4℃ 时，水的密度最大，体积最小；到 0℃ 时，结成了冰，体积不是缩小而是胀大了，比常温时水的体积要大 10% 左右。所以当温度降到 0℃ 以下时，豆腐里面的水分结成冰，冰撑大了水原来占据的小孔，使豆腐内部形成了网络结构。[①] 等到冰融化成水从豆腐里跑掉以后，就留下了数不清的孔洞，使豆腐变得像泡沫塑料一样。这样的豆腐，口感很有层次，放在汤里煮非常好吃，因为冻豆腐里的蜂窝组织吸收了汤汁。这说明，我国古代的劳动人民巧妙地运用了水在结冰时体积增大的性质，将最普通的食材制作成独具匠心的美食，体现出一种生活的智慧。

二、物理学原理

在一定压力下，随着温度的下降，大多数物质密度会增大。水在温度高于 4℃ 时，是遵循这一规律的，包括从气态到液态的过程。但在低于 4℃ 时，水的密度反而开始减小，即水在 4℃ 时的密度最大（图 2-6）。

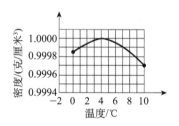

图 2-6 水的反常密度特性

物质是由原子或分子组成的，原子和原子、分子和分子之间有作用力将它们结合起来，才能构成物质的气、液、固三态。这种相互牵制的作用力称为化学键，其中氢键是由氢原子参与的一种特殊类型的化学键。常压下水冷至 0℃ 以下即结成六角晶系的冰，此时冰分子通过氢键形成的定向有序排列，联结成类似四面体的形状（图 2-7），这种结构空间利用率较小，显得比较空旷，故冰的密度较小，约为每立方米 900 千克。冰融化时拆散一小部分氢键，15% 左右的氢键断裂，其空旷结构瓦解，水分子可以由一个四面体的微晶进入另一微

---

① 李湘黔.中国民间文化与物理趣味.成都：西南交通大学出版社，2013：173.

晶中，排列变得无序起来，成为堆积更为致密的液态，故水的密度大于冰。换言之，氢键决定了水的反常密度特性，这是因为在 0～4℃ 的温度区间中，升温时氢键不断断裂，使水分子堆积更为致密，导致宏观上水的体积缩小，但是热膨胀又使体积增加，这两个相反机制相互竞争，但前者幅度更大，因而整体而言在该温区随温度升高水的体积缩小。

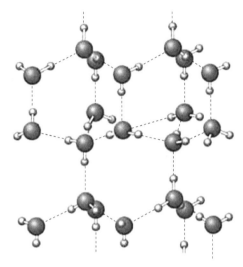

图 2-7　冰的分子结构
图中大球代表氧原子，小球代表氢原子，虚线代表氢键

三、实践与应用

水的这种固态密度小于液态密度的特性在自然界中几乎是独一无二的。可以做一个非常简单的小试验来见证水的这一性质：把矿泉水瓶装满水，不留一点空气，然后把瓶子放进冰箱里冻成冰块，会发现矿泉水瓶明显鼓胀甚至破裂。水的冷胀现象也会带来危害，诸如自来水管、汽车水箱等，冬天若不注意防寒，水的冻结会使管道、水箱破裂；一些不耐寒的植物由于细胞中的水冻结，体积增大而胀破，发生冻害。北方公路、铁路若雪水渗入路的缝隙或路基中，结冰后可能使缝隙加大，使路基松动而阻碍交通。水的反常膨胀特性，也是造成山岩崩裂、风化加速的重要物理原因。

当然，水的这种反常密度特性的益处也是明显的，水里的生物能顺利地在液态水中一年年地生存下来就得益于此。冬天来临时，水开始结冰，由于冰的密度小于液态水，冰就会浮在水面上，将冰下方的液态水与冰上方的冷空气隔离开，从而阻止或减缓了冰下液态水的固化，这样就保证了水中依赖液态水而生活的生命形式，比如鱼类、水草等的存活。当第二年春天到来时，上升的气温会融化掉浮在水面上的冰，水又重新回到流动的液态。

第四节　传统文化与液体的蒸发和沸腾

一、传统文化赏析

宋代学者罗大经（1196—1242）有经邦济世之志，他所编撰的《鹤林玉露》记述了宋代文人轶事，并对前代及宋代诗文的文学流派、文艺思想、作品风格，作过中肯而又有益的评论，有较强的文学史料价值。该书中录有宋代词人李南金的诗作《茶声》：

> 砌虫唧唧万蝉催，
> 忽有千车捆载来。
> 听得松风并涧水，
> 急呼缥色绿瓷杯。

这首诗实际上描写了水的蒸发和沸腾，指出水初沸时如虫声唧唧（jī）同鸣，又如万蝉齐噪。二沸如同千辆重载大车驶过。到了松涛骤起，涧流喧豗（huī，撞击之意），已是三沸，应立即注入放好茶末的绿瓷杯中（图 2-8）。古人对此的观察，可谓非常认真与细致！

图 2-8　烧水泡茶

水还没沸腾时，由于持续加热，水面下离热源最近的水会先达到沸点，一部分水汽化为水蒸气，形成气泡，向上运动，并挣脱液体表面的束缚，比较缓和地释放到空气中，这时还属于蒸发。随着进一步吸收热量，液体的这种蒸发越来越剧烈，逐步沸腾起来。此时大量气泡上升、变大，到液体表面破裂，里面的水蒸气散发到空气中，引起空气振动，发出声音。

至于液体沸腾前后的声音变化，那更是充满奥妙了。以烧水为例，烧水过程中的声音来源有二。一是用壶烧开水时，冷水重而往下沉，热水轻而往上浮，形成一定的环流。在环流过程中水分子相互碰撞，振动发声。二是烧水过程中气泡上浮至液面后破裂而产生的声音。水的响声有高低不同的两种：一种是快要沸腾时，水发出非常连续的响声，音调很高，正如"砌虫唧唧万蝉催，忽有千车捆载来"；另一种是沸腾时，水发出"噗噜、噗噜"可辨的断续响声，音调远没有前者的高。这又是为什么呢？原来，水壶在倒入水之前，壶壁上吸附着一层空气，加了水后，这层空气就变成了大量微小的气泡。气泡受到壶壁的吸附力大于气泡自身所受到的浮力，因此它们黏附在壶壁上。当水温升高，气泡受热膨胀，且水温达到 $70 \sim 80℃$ 时包裹住气泡的水蒸发加快，水蒸气渗透进入气泡使其体积明显增大，它所受到的浮力就相应增加。直至浮力大于壶壁吸附力时，气泡就要离开壶壁上升，之后遇到周围的凉水，里面的水蒸气就要液化，使气泡变小或破裂。气泡在水中运动，而且上升过程中体积大小交替变化非常快，再加上上下温度不均匀引起的水的对流，使壶里的水处于频率较高的振动状态，进而又经过空气的传播，形成了音调较高的水声。随着不断加热，壶里各处的温差越来越小，水的对流渐渐平息，气泡体积大小交替变化也越来越慢，壶内水的振动也越来越弱。尽管沸腾时气泡在水面上破裂引起了空气的振动，但其频率远不如前者的高，水声的音调也就不那么高了。这就是"开水不响，响水不开"的物理原因。至于其人文意义，则是指真正有本领和水平的人不事张扬，而喜欢自我标榜的人往往能力不济。

至于如何阻止沸腾，那就要说到"扬汤止沸"和"釜底抽薪"了。元末明初著名小说家罗贯中（约 1330—约 1400）在《三国演义》第三回中记载，董卓按谋士李儒的建议，向汉献帝献表，其中提到：

窃闻天下所以乱逆不止者，皆由黄门常侍张让等侮慢天常之故。臣闻扬汤止沸，不如去薪；溃痈虽痛，胜于养毒。臣敢鸣钟鼓入洛阳，请除让等。社稷幸甚！天下幸甚！

意思是说，私下里听说天下混乱逆反，是因为黄门常侍张让侮辱怠慢上天。我听说将煮沸的热水扬起以停止其沸腾，不如抽掉下面的木材。挤破出脓的疮虽然痛苦，总比火毒内盛强。我斗胆敲钟鸣鼓进入洛阳，请允许我除掉张让等人。则社稷有幸！天下有幸！

这段话是表明董卓"除张让，安天下"的观点，首先指出使天下大乱不止的人是黄门常侍张让，接着运用"扬汤止沸""养毒"来比喻若不彻底除掉张让就不能解决天下大乱的问题，用"去薪""溃痈"来比喻除掉张让虽然要经历痛苦，却能彻底解决问题，生动形象地说明了治乱必须从根本做起。最后表明自己愿意为皇上效忠、带头去除掉张让的决心。[①]

图 2-9 扬汤止沸与釜底抽薪

上述比喻中的"扬汤止沸"一词最早出自春秋时代老子的弟子、道家学派主要代表人物之一文子的《通玄真经》："故扬汤止沸，沸乃益甚，知其本者，去火而已。"这句话的意思是说：扬汤止沸只能使沸腾越来越厉害，知道其根本的，撤去柴火即可。"扬汤止沸"，其实指的就是把锅里开着的水舀起来再倒回去，使它凉下来不沸腾。但这不能从根本上解决问题。从物理学上看，扬汤为什么能止沸？原因在于"扬汤"使液体的表面积增大，并在一定程度上加快了液体表面的空气流动，导致液体的蒸发加快，而蒸发过程需要吸收热量，使液体温度降低至沸点以下，因此沸腾就停止了。但问题随之就来了，这样"止沸"之后是不是意味着真的止住了？其实不然，这只是暂时的止沸。由于釜底还有燃料在持续燃烧，液体还在持续吸热，所以液体温度很快又会上升到沸点。要想永久止沸，还得把釜底的柴薪抽掉。这是因为液体沸腾的时候，持续吸收热量，若把釜底的柴薪抽掉，那么就断绝了热量供给，液体的温度便会降下来，不再沸腾。

---

① 尽管董卓的表写得观点鲜明，有理有据，形象生动，但是他名为为民除害、为朝廷分忧，实是拥兵自重、进逼帝都，这一事件直接成了东汉分崩离析的导火索。

说完物理，再来说文化。"釜底抽薪"的意思是只有把柴火从锅底抽掉，才能使水止沸，比喻从根本上解决问题。"釜底抽薪"作为一个计策，还是中国古代"三十六计"中的一计。"三十六计"或称"三十六策"，是指中国古代三十六个兵法策略，源于南北朝，成书于明清。它是根据我国古代卓越的军事思想和丰富的斗争经验总结而成的兵书，是中华民族的文化遗产之一。"釜底抽薪"是其中的第十九计。原文是这样的："不敌其力，而消其势，兑下乾上之象。"意思是说：不直接去攻打敌人最强的部位，就能消灭它的气势，这需要从根本上解决问题，以柔克刚。世间很多事物的初始与发展，和水凉水沸形式相似，生生变化之理相同。对立势力便是如此，与对立势力较量，道理和制止水沸相同。正面攻击，等于热水止沸，可能劳而无功；消除对立势力的生存根源，便是釜底抽薪。例如，《三国演义》中记载的官渡之战，若曹操与袁绍正面交锋，曹操可能永远也无法击败袁绍，但曹操很聪明，烧了袁军的粮囤，断了袁军之根本与能源，因而大败袁军。这是极为高明的釜底抽薪。

此外，古人所发明的纸铫（diāo，煮开水、熬东西用的器具）煎茶（图2-10）方法很有科学韵味。晚明文学家、史学家张岱（1597—1679）在《夜航船》中写道："鸡子白调白矾末刷纸，作铫子煎茶，沸而不烧其纸。"这是说，将鸡蛋清与明矾粉末和匀涂刷在纸上制作成铫子，放在火焰上煎茶，水沸而纸不燃。鸡蛋清与明矾混合物可以防止纸铫渗水，并防止烧水时纸铫露出水面的部分被燃烧，同时可以增加纸铫的承受力，扩大其容量。通常情况下，茶水的沸点约为100℃。纸铫煎茶时，茶水会在这个温度发生沸腾，与此同时不断吸热，将多余的热量带走，从而保证了茶水的温度不会超过100℃。因此，尽管普通柴火燃烧时最高温度可能达到600℃，且纸的着火点为183℃，但只要铫子里的水不干，纸铫就不会燃烧，纸铫煮茶就能顺利进行。

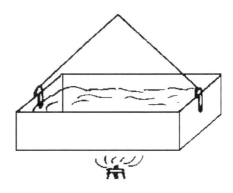

图 2-10　纸铫煎茶

二、物理学原理

蒸发是在液体表面发生的由液态变为气态的过程。无论处于何种温度下，液体表面和内部的分子都永不停息地做无规则运动，这会导致分子间出现碰撞。在碰撞过程中，一些分子获得动能，速率增大；一些分子失去动能，速率减小。一些表面的分子被液面下的分子碰撞后获得了足够大的动能，脱离了液面的束缚，逃逸到液面上的空间，这就是蒸发。液面分子获得能量后才能逃逸，它们所得到的能量正是液体内的分子在碰撞过程中所给予的，因此留在液体中的分子平均动能降低，这说明蒸发是一个冷却的过程。

沸腾是指液体受热超过其饱和温度时，在液体内部和表面同时发生的剧烈汽化现象。各种液体沸腾时都有确定的温度，这个温度叫作沸点。沸腾实质上是因为在液体内部形成气泡并向上浮动到表面，并在液面散开。要产生沸腾，气泡内的蒸气压强必须足够大，以至于能够抵御周围液体的压强，否则周边压强将迫使业已形成的气泡坍缩。只有液体温度到达沸点时，分子运动剧烈到一定的程度，才能够形成足够的蒸汽压强与周围液体的压强抗衡。

蒸发和沸腾都是汽化现象，都要吸热，但前者只在液体表面进行，后者在液体表面和内部同时进行；前者缓慢而温和，后者剧烈；前者在任何温度下均可发生，后者必须达到一定温度（沸点）时才能发生。蒸发快慢与液体的温度、表面积、表面的空气流动速度有关，沸腾沸点与大气压的高低有关。一个标准大气压下水的沸点为 100℃，这是最为常见的。而在我国青藏高原，大气压较平原地带要低，这使水表面的压强降低，在 80℃ 左右气泡中水分子运动产生的蒸汽压就可以抵抗气泡周围因大气和水压共同作用所产生的压强，形成沸腾。这种情况下，水的沸点仅仅为 80℃，人们要把饭煮熟，不得不借助高压锅。高压锅有密封的盖子，可以防止水蒸气漏出。只有当水蒸气聚集，在锅中形成大于锅外大气压的较高压强时，气阀才被冲开。由于该高压大于气泡内的蒸气压，会将已经形成的气泡压碎，阻止沸腾的发生，因此高压锅内水的沸点往往大于锅外大气环境中水的沸点，这有利于使食物熟透。

三、实践与应用

酷暑难耐时，人身上大汗淋漓，这时如果扇风，就会促进汗液的蒸发，达到给身体降温的效果。一些动物，比如狗没有汗腺，只能通过喘气，在口腔和支气管内发生蒸发现象来降温。因此在炎热的夏天，狗往往张着大嘴，吐出舌头，"哈哈"地喘气。

人类将沸腾现象广泛地运用于生活，如古人通过瀹茶煎水，研究烧水的过程，在细致观察的基础上，总结、应用，将水的沸腾与茶艺融合在一起，为传统文化增添了绚丽的篇章。

北宋书法家、茶学家蔡襄（1012—1067）所著的《茶录·汤辨》中记载：

汤有三大辨十五小辨，一曰形辨，二曰声辨，三曰气辨。形为内辨，声为外辨，气为捷辨。如虾眼、蟹眼、鱼眼、连珠皆为萌汤，直至涌沸如腾波鼓浪，水气全消，方是纯熟。如初声、转声、振声、骤声，皆为萌汤，直至无声，方是纯熟。如气浮一缕、二缕、三四缕，及缕乱不分、氤氲乱绕，皆为萌汤，直至气直冲贯，方是纯熟。

这段话说明古人泡茶前运用形辨、声辨和气辨方法观察煎水到了何种程度。水被加热时，气浮一缕、二缕、三四缕，此为蒸发。临近沸腾时，气则缕乱不分，氤氲乱绕。此时，从水中冒出一个个气泡，这些气泡随水温升高逐渐变大，在经历了如虾眼、蟹眼、鱼眼、连珠的过程后，水便涌沸如腾，气直冲贯。这是运用形辨法和气辨法观察到的结果。此外还有声辨法：水被加热到一定程度会发出声音，其声响变化依次为初声、转声、振声、骤声，水沸腾后，也就几乎听不到声音了。与古人辨别开水的方法不一样，现代人有时候用"鸣笛水壶"发出的声音来判断。水沸腾后，产生大量水蒸气，通过壶盖内的弹簧片，使弹簧片振动发出笛声或是啸叫声。之后，水蒸气由壶盖周围的狭缝冲出。一旦听到提醒的叫声，人们就可以判断水已经烧开了，不用继续加热了。电热水壶则是安装了蒸汽感温元件来识别开水。水沸腾后一段时间，水蒸气聚集起来冲击蒸汽开关上的双金属片，由于热胀冷缩的作用，金属片膨胀变形，通过杠杆原理推动电源开关，使水壶自动断电。断电后开关不会自动复原，故断电后水壶不会自动加热。与电热水壶不同，饮水机则是自动加热。饮水机内部安装了温控开关和快速加热电路、保温电路，一旦检测到水温低于设定温度时，快速加热带就通电工作，红灯亮，否则快速加热就停止，保温加热开始工作，黄灯亮。但是加热罐的容积很小，热水放出后，冷水填充，水温很快就降下来了，新一轮的快速加热就又开始了。

第五节　传统文化与分子的热运动

一、传统文化赏析

南宋文学家陆游（1125—1210）一生笔耕不辍，著作甚丰，存世有九千三百余首诗。其诗语言平易晓畅、章法整饬谨严，兼具李白的雄奇奔放与杜甫的沉郁悲凉，在南宋诗坛上占有非常重要的地位，尤以饱含爱国热情对后世影响深远。他生逢北宋灭亡之际，少年时即深受家庭爱国思想的熏陶，晚年蛰居故乡后，诗风趋向质朴而沉实，表现出一种清旷淡远的田园风味，并不时流露着苍凉的人生感慨。下面这篇《村居书喜》应是其晚年的诗作，描写了春暖花开、香气袭人的山村美景（图 2-11）。

图 2-11　村居书喜

红桥梅市晓山横，

白塔樊江春水生。

花气袭人知骤暖，

鹊声穿树喜新晴。

坊场酒贱贫犹醉，

原野泥深老亦耕。

最喜先期官赋足，

经年无吏叩柴荆。

"桃花枝头鸟报春"，诗中描述闻早春花气来知晓春天来临，一吟一咏合乎自然，给人带来艺术般的享受。诗中的"花气袭人知骤暖"体现了分子热运动。花气，指的是花朵产生的芳香油分子；花气之所以袭人，是因为芳香油分子做无规则热运动。而热运动的剧烈程度，正是由温度决定的。温度越高，分子热运动越剧烈。因此，天气变暖时，大气的温度升高，"花气"的热运动就变得更加剧烈了。人们闻到天冷时不易闻到的花气时，便知道天气变暖了。

关于描写花香扑鼻的诗词还有很多，如"唐宋八大家"之一的王安石（1021—1086）的这首《梅花》：

墙角数枝梅，

凌寒独自开。

遥知不是雪，

为有暗香来。

王安石是北宋著名的政治家、改革家，他推行旨在富国强兵、扭转国家积贫积弱局势的新法，两次拜相、两次被罢免。后因守旧派反对，保守派得势，新法皆废。这首诗是王安石罢相之后退居江宁（即现在的南京）钟山后所作。前两句写墙角梅花不惧严寒，傲然独放；后两句写梅花洁白鲜艳，香气远布，赞颂了梅花的风度和品格，这正是诗人幽冷倔强性格的写照。诗人通过对梅花不畏严寒的高洁品性的赞赏，用雪喻梅的冰清玉洁，又用"暗香"点出梅胜于雪，说明坚强高洁的人格所具有的伟大魅力。在北宋极端复杂和艰难的局势下，作者积极改革而得不到支持，其孤独心态和艰难处境与梅花自然有共通的地方。这首小诗意味深远，而语句又十分朴素自然，没有丝毫雕琢的痕迹（图2-12）。

图 2-12　王安石与梅花

　　除了诗词，写字绘画本身也离不开分子的热运动，比如传统的水墨画。水墨画是我国古代绘画的瑰宝，人们欣赏优美的水墨画时觉得赏心悦目，但绘制出好的水墨画并不容易。把一滴墨汁滴在宣纸上，它会扩散开来，这种现象叫作洇（yīn）。洇现象的产生远比单纯的分子热运动要复杂，它还涉及表面张力等其他物理知识。当一滴墨水落在纸上时，若表面张力很小，墨汁分子不停地做无规则运动，就会在纸上扩散开来（图 2-13）。因此在绘制水墨画的过程中，需要画家控制并应用好水墨这种扩散特性，才能得到自己预想的效果。

　　在绘制水墨画时，需要对墨汁的浓度进行调配，以画出不同的浓淡层次。如果笔上的色彩过于浓烈，我们常常把笔尖轻轻蘸一下杯中的清水。此时笔尖的部分墨汁就会在水中散开来，并渐渐扩散到整杯水中。这也是墨汁分子热运动的结果，是一个典型的扩散现象。

图 2-13 润墨

二、物理学原理

1827 年，英国植物学家布朗在花粉颗粒的水溶液中观察到花粉在不停顿地做无规则运动（图 2-14）。进一步实验证实，不仅花粉颗粒，其他悬浮在流体中的微粒也表现出这种无规则运动，如悬浮在空气中的尘埃。后人就把这种微粒的运动称为布朗运动。以悬浮在水中的藤黄颗粒为例，一个半径为 2×10^{-7} 米的藤黄颗粒，质量约为 3×10^{-17} 千克，在 27℃ 时它的运动速度接近 0.02 米 / 秒。起初人们认为运动是因为花粉粒是 "活" 的，可是布朗用保存了 300 年以上的花粉及无机物微粒做的对照实验表明，布朗运动是一种普遍现象，并非只是 "活的粒子" 才具有的。直到 1877 年德耳索才指出，布朗运动是颗

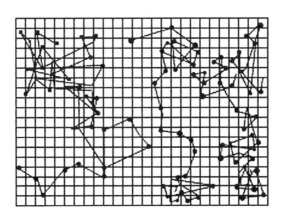

图 2-14 布朗运动

粒受到液体分子碰撞的不平衡力作用产生的。那么，一个相对较大的物体（如0.1 毫米大小的物体）在液面上为何不移动呢？ 1904 年，法国科学家潘卡雷解释道：大物体的体积相对原子而言足够大，它的各个方面受到运动原子的冲击概率几乎相等，在这些力的共同作用下，大物体几乎不移动；而当颗粒小到一定程度时，受到的来自各个方向的分子的撞击作用力也就不会平衡了，在某一瞬间，微粒在一个方向受到的撞击作用强，就会导致它朝这个方向运动。对布朗运动现象的观察和了解，使人们间接地认识到分子和分子运动的存在。

布朗运动揭示的分子所做的无规则运动具有普遍意义。分子所做的无规则运动称为分子的热运动，热现象的本质就是分子的热运动。因此分子动理论认为：物质是由大量分子组成的，分子间有空隙；一切物体的分子都永不停息地做无规则运动，且温度越高，运动越剧烈；分子间存在相互作用的引力和斥力。分子的热运动，会导致物质产生迁移现象，即扩散。扩散现象主要是物质内部不同区域内的浓度差、温度差或湍流运动等导致的。分子从浓度较大的区域向浓度较小的区域迁移，直到物质内各部分的浓度达到一致为止。任何物质都存在热运动现象，因此扩散现象普遍存在。从本质上讲，物质粒子（分子、原子等）之间存在力的作用，假如取一个粒子作为研究对象，则它受到无穷多个其他粒子对它的不同的作用力，故它时时刻刻是运动的，这种运动就是引起扩散现象的原因。例如，墙角有一堆煤，煤是黑色的，墙壁是白色的。煤的分子扩散到墙壁上，会使墙壁变黑。假以时日，这种变黑不会仅仅局限于墙壁的表层，甚至会渗透到墙壁内较深处。

三、实践与应用

在阳光下看到的尘埃为什么可以不"理睬"重力的作用而能够来回飞舞？按照布朗运动的理论，原因就是构成空气的气体分子以很高的速度朝各个方向运动，而尘埃不停地受到来自各个方向气体分子对它的碰撞，这样尘埃就能够像气体分子一样，在空间保持长久的悬浮状态。

布朗运动是随机涨落的典型现象，布朗粒子的运动象征着"无规行走"，不仅用来作为许多自然现象的模型，而且用来作为许多社会现象的模型，凡是带有随机涨落现象的，不论是自然现象还是社会现象，均可用布朗运动理论去研究。

在自然科学领域，人们可用布朗运动理论分析仪器的灵敏度、各类扩散现象和分形理论。一般而言，测量仪器中的活动部分（如分析天平的秤盘、悬线电流计的线圈等）在气体分子的不平衡碰撞下也会产生布朗运动。随着科技的发展，仪器的灵敏度越来越高，布朗运动对灵敏度的影响已成为现代精密测量中一个不可忽视的因素。在近代无线电技术（如卫星通信）中，由于放大倍数很高，电涨落现象特别显著，引起热噪声，这个问题也需要用布朗运动理论来研究。再者，扩散现象的本质是布朗运动产生的位移，因此布朗运动理论可用于各类扩散现象的解释。例如，半导体中载流子（电子或空穴）的扩散，原子核反应堆中中子的扩散等，均可用布朗运动理论来研究。另外，由于布朗运动轨线的不规则性是统计自相似的，也就是说，其轨线的某一小部分放大后，在概率分布的意义上，与某一较大部分具有相同的"形状"，因此布朗运动也成为分形理论的重要研究对象，并发展出了"分数布朗运动"和"布朗曲面"等理论，后者已应用于计算机绘制地貌图领域，取得了很好的效果。[①]

在社会科学领域，人们运用布朗运动理论来研究股价涨落、物价涨落等问题，并把结果应用于企业管理，寻找最优的产品组合比例等。早在1900年，法国数学家巴施利叶就已经在其研究股市的博士论文《投机理论》中，首先给出了布朗运动的数学描述。当然，巴施利叶所谓的"布朗运动"，实质上指的是股市的价格变动，换句话说，他把股价的变动理想化为布朗运动。可见，在物理学界尚未把布朗运动研究清楚之前，它象征"无规行走"的意义早就被经济研究吸纳了。1997年度诺贝尔经济学奖获奖成果，就是立足于布朗运动随机性的期权定价模型研究。在市场经济中，任何投资者都会面临未来权益（预期收益）的不确定性问题。把资金存进银行，或者购买国债，通常被认为是最保守、风险最小的投资，但是由于市场的利率、汇率和通货膨胀率都会随时间发生变化，甚至也可能发生大幅度的变化，投资者的预期收益的不确定性问题照样存在。巴林银行事件、东南亚金融危机等，告诉人们金融风险的防范问题十分严峻，各国金融界必须谨慎面对。选择某种股票和衍生证券的证券组合就可以有效地管控这种金融风险，也就是说，可以"套住"权益（"套期保值"），而回避其中的布朗运动。[②]

布朗运动理论像一座宝藏，吸引着人们去挖掘和应用。

① 言经柳.布朗粒子的运动及其应用.广西师范大学学报（自然科学版），1999，17（3）：18-22.
② 黄伟民.布朗运动理论向金融经济领域的延拓.大学物理，1999，18（1）：41-43.

第六节　传统文化与熵增原理

一、传统文化赏析

众多古诗词中都提到了酒，其中诗仙李白的《将进酒》（图 2-15）独树一帜，全诗语言流畅、气势豪迈、感情奔放，具有很强的感染力。让我们先来欣赏这首诗的前面部分。

　　　君不见，黄河之水天上来，
　　　奔流到海不复回。
　　　君不见，高堂明镜悲白发，
　　　朝如青丝暮成雪。
　　　人生得意须尽欢，
　　　莫使金樽空对月。
　　　天生我材必有用，
　　　千金散尽还复来。
　　　……

李白号称"斗酒诗百篇"，在豪饮行乐中，实则深含怀才不遇之情。这几句诗的大意是，难道看不见那黄河之水从天上奔腾而来，波涛翻滚直奔大海，从此不再往回奔流。难道看不见那年迈的父母，对着明镜悲叹自己衰老的白发，早晨还是满头的黑发，怎么到晚上就变成了雪白一片？（所以）人生得意之时就应当纵情欢乐，不要让这金杯中没有酒、空对明月。我们每个人都一定有自己的价值和意义，就算是黄金千两一挥而尽，它也还是能够再得来的。①

诗中前两句描述黄河源远流长、落差极大，如从天而降、一泻千里、东走大海。上句写大河之来，势不可挡；下句写大河之去，势不可回。紧接着，第三、第四句"君不见，高堂明镜悲白发，朝如青丝暮成雪"，恰似一波未平一波又起。如果说前两句为空间范畴的夸张，这两句则是时间范畴的夸张，悲叹人生短促，将人生由青春至衰老的全过程说成是"朝""暮"之事。事实上，

---

① http://so.gushiwen.org/view_7722.aspx.2016-08-19.

图 2-15　将进酒

这前四句说的是热力学过程具有不可逆性，在没有外界作用的情况下（即孤立系统），奔流到海的黄河水不能再回到"天"上，而早晨的青丝到了晚上变成白发，该过程也是不可逆转的。诗人意识到黄河的流水和岁月的流逝一样，都是一去不复返。对于这种不可逆的热力学过程，熵总是增加的，这就是熵增原理。熵增原理非常重要而且普适，大到宇宙演化，小到日常生活，其作用无处不在。那么，什么是熵？它就是一个描述系统混乱程度的热力学量，或者说熵是描述系统内微观状态数的物理量。熵增加，意味着系统的微观态增多、宏观态的概率增大，从有序状态变化到无序状态。一个不可逆的过程的熵增加，意味着从非平衡态逐渐向平衡态过渡，意味着从"整齐"和"集中"向"混乱"

和"分散"发展，这就是热力学过程进行的方向性。或者说，孤立的热力学系统会发生不可逆过程，从始态到终态，从有序到无序，系统熵值增加。因为与有序体系相比，无序体系更加稳定，可采取更多的存在方式。[①]

成语"覆水难收"描述的也是一个不可逆过程。这个成语出自南朝史学家范晔（398—445）所著的《后汉书·何进列传》。该书卷六十九中记载：

> 始共从南阳来，俱以贫贱，依省内以致贵富。国家之事，亦何容易！覆水不可收，宜深思之，且与省内和也。

何进为东汉少帝刘辩国舅，何太后临朝，何进与太傅袁槐共同辅政。何进素知宦官势力强大，为天下所疾，久欲铲除之，但太后以汉家旧例为由不许。时有袁绍为之策划，建议引兵所向京城，以胁迫太后同意铲除宦官。但主簿陈琳进谏：大批军队聚集在一起，兵力强的就要称雄，这会授人以柄而成为祸乱的根源。此外，何进的弟弟、车骑将军何苗因受了宦官的贿赂而劝哥哥暂缓行事。上述是何苗劝哥哥的一席话，意思是说，最初我们从南阳来的时候，都是贫贱之人，依仗省内宦官才有今天的富贵。国家的事情，又谈何容易！倒出去的水不能再收回来，应当深思熟虑，暂且与宦官相和。何进因此迟疑，未能早决。袁绍怕何进斗争不坚决，一再敦促："交构已成，形势已露，事留变生，将军复欲何待，而不早决之乎"？后世用"覆水难收"来比喻大局已定，无可挽回。

关于"覆水难收"，还有一个传说。东晋时期道教方士王嘉（？—390）所作的《拾遗记》记载：

> 太公望初娶马氏，读书不事产，马求去。太公封齐，马求再合。太公取水一盆，倾于地，令妇收水，惟得其泥。太公曰："若能离更合，覆水定难收。"

说的是中国历史上的传奇人物姜子牙，人称姜太公，他娶妻马氏。起初姜子牙也曾在商朝为官，后来因为不满纣王的残暴统治，弃官而走，隐居乡间，终日读书，不事农活和生产，即便是钓鱼，也是用直钩，所谓"姜太公钓鱼，愿者上钩"。弄得家境贫困，生活也是一塌糊涂。其妻马氏不乐意了，多次劝导得不到回应，于是决定离姜子牙而去。姜子牙苦苦挽留，并表示有朝一日他定会东山再起得到荣华富贵。但马氏铁了心，还是离开了他。后来，姜子牙终于在 72 岁时遇到了求贤若渴的周文王，被封为"太师"，后又辅佐武王伐纣

---

① 如扑克牌，严格按花色和序号排列的机会与花色和序号毫无规律的混乱排列机会相比，相差几十个数量级。

建立了周朝，自己也受封于齐地。马氏见他果然成就一番事业，后悔当初轻率地离开了他，便想和姜太公复合。姜太公将把一盆水倒在地上，问马氏能否将水重新收回盆中，马氏虽然努力去收集地上的水，但仅仅得到一些泥水和泥浆（图 2-16）。姜太公于是说："岂能离开后又轻言复合，这好比倒在地上的水，难以再收回来了！"

图 2-16　覆水难收

正如李白在《妾薄命》诗中所言："雨落不上天，水覆难再收。君情与妾意，各自东西流。"那么，为何泼出去的水很难再全部收回呢？根据熵增原理，热力学过程发展的趋势是从有序到无序，而且这种过程不可逆，无序不能自发回到有序。水在泼出去之前和泼出去之后的状态相比，前者相对有序，混乱程度相对较低；后者微观状态数增多，混乱程度增加，更加趋于无序而更为稳定，熵增加。因而泼出去的水难以回到原来的状态。自然界中实际进行的热力学过程都是不可逆过程，试想，时间可以倒流吗？当然不会！否则，就会出现"无可奈何花落去"的逆过程——落英跃上枝头变回鲜花；就会出现"风萧萧兮易水寒，壮士一去兮不复还"的逆过程——荆轲起死回生又成了一代勇士；就会出现"流水落花春去也，天上人间"的逆过程——流水回流，人生反复，李煜的故国重生。

二、物理学原理

熵是个抽象的概念，最早是由德国物理学家克劳修斯于 1855 年提出的，用以定量阐明热力学第二定律，定义为可逆微小过程中系统吸热与热力学温度的比值，简称热温比。1877 年，玻尔兹曼运用概率方法，论证了熵与热力学状态概率的对数成正比。熵增加的过程就是系统微观状态数增加的过程，是系统从有序趋于无序的过程。例如液体蒸发为气体是熵增加的过程，同一物质的气态比液态混乱得多，也更加无序。自然界任何热力学过程都不可能自动复原，要使系统从终态回到初态必须借助外界的作用。由此可见，热力学系统所进行的不可逆过程的初态和终态之间有差异，这种差异决定了过程的方向。

熵增原理说明了热力学过程进行的方向，孤立系统进行不可逆过程时，系统的熵要增加，系统由有序向无序发展的过程熵增加，这意味着能量品质的退化。例如，煤和石油的燃烧，尽管燃烧前后能量仍然守恒，但是熵增加了，能量品质退化了，这也许可以说明煤和石油的不可再生性质。

"熵"的英文单词是 entropy，"en"是"energy"的词头，表示能量；字尾"tropy"源于希腊文"trop"，是转变的意思。汉字"熵"则来自胡刚复（1892—1966）教授的创造。1923 年，德国卡尔斯鲁厄工业大学机械学教授（1956 年曾任美国哥伦比亚大学客座教授）普朗克（Rudolf Alois Valerian Plank，1886—1973）来南京第四中山大学[①]讲学，该校自然科学院院长、我国著名物理学家胡刚复教授担任翻译。他根据 entropy 意为热量与温度之商，而且这个概念与热量有关，就在"商"旁加"火"，首次创造了中国字典中从未有过的新字"熵"。此字含义极其妥帖，沿用至今。

三、实践与应用

地球上的煤和石油作为燃料驱动机器做功，煤和石油具有的能量一部分转变成有用的功，用来为人们的幸福生活服务，最终会变成弥散开来的废热，另一部分被排到大气中直接成了废热。这是一个不可逆的过程，这些废热不可能再用来开动机器，更不可能再还原为煤和石油。熵的增加，似乎使能量疲劳

---

① 现为南京大学。

了，没有做功的本领了。长此以往，地球上的煤和石油总有一天会被挖光，导致能源危机，这是人类不得不面临的一个问题。

树木叶子的生长似乎违反了熵增原理：一片生长的叶子用简单的二氧化碳和水分子制造出复杂的葡萄糖分子。葡萄糖比起用来制造它的那些随机运动的二氧化碳和水，是更有组织、更为有序的物质。这样一来，岂不是叶子的生长使熵减少了？答案是叶子得到了外界的帮助。熵增原理说的是，不可逆热力学过程中所有参与者的总熵在增加。在叶子生长的过程中，另一个不可少的参与者是太阳。阳光辐射到叶面上，有 2% 的能量被吸收而转化为化学能，这是使熵降低的过程，但是还有 98% 的太阳能没被吸收而重新辐射到周围空间，其效果等同于热能从温度高的太阳流动到温度低的地方，品质下降，熵有很大的增加。因此，对于太阳和叶子组成的系统而言，总熵仍然是增加的。[①]

用熵增原理也可解释人的生命过程。人从受精卵开始直至死亡，熵是不断增加的，但人是高度有序的整体，为了维持这种有序性，并满足人的生长发育，就必须从人所处的环境中获得负熵（即熵减，代表有序）来抵消不断的熵增（代表无序）。当负熵明显高于正熵时，在人体上表现为人的生长发育，而当人体获得的负熵不足以抵消自身产生的正熵时，人体便由于正熵的累积开始出现疾病、衰老现象。[②]生命体从环境获得负熵的过程往往伴随着环境出现更高的熵增，总的效果是使地球熵增更快。好在地球并非孤立的个体，还可以从太阳那里获得能量，还可以将熵增传递到宇宙中。但是，如果人类不克制从环境获得负熵的速度，将使地球产生的熵增大于其所能承载的限度，最终会给环境带来恶劣影响。

第七节　传统文化与热力学模型

绝大部分物理学是从现象中来的。古代中国人的确记录了大量实际的、经

---

① 阿特·霍布森.物理学的概念与文化素养（第四版）.秦克诚，刘培森，周国荣，译.北京：高等教育出版社，2008：141.

② http://www.docin.com/p-1009522716.html. 2015-01-01.

验的或技术意义上的物理学现象。此外，传统文化中的一些描述与记载还闪耀着思想的光辉，若将它们嫁接或移植在物理模型的理解与分析过程中，将两者做一定的比较和融合，就能非常生动地展示物理模型的内涵，因此人们更容易认识和领会物理模型的实质。与此同时，又能在传统文化的熏陶中得到人文方面的些许启迪，可谓一举两得。

物理模型是指广义的理论模型，这其实是一种抓住主要矛盾的方法，任何复杂事物，总包含许多矛盾，但在一定条件下，必有一个是主要矛盾，把它突出来，暂时除去次要矛盾，便成为一个模型。弄清楚主要矛盾后，再考虑次要矛盾，如此一级级地近似，就可能逼近实际。[①] 模型方法在物理学研究中获得了广泛的成功。

本节将展示从传统文化出发来理解热力学中的准静态过程模型和二流体模型。

一、准静态过程模型

战国时期道家学派著名的代表人物列御寇（约前 450—前 375）在其著作《列子·汤问》中讲述了一个"愚公移山"的寓言故事。愚公家门前有两座大山挡着路，他决心把山平掉，于是"遂率子孙荷担者三夫，叩石垦壤，箕畚（jī běn）运于渤海之尾。邻人京城氏之孀妻有遗男，始龀（chèn），跳往助之。寒暑易节，始一反焉"。意即愚公于是带领儿子、孙子和能挑担子的三个人，凿石挖土，用土筐装土石运到渤海的边上。邻居姓京城的寡妇有个孤儿，刚七八岁，也蹦蹦跳跳地去帮助他们。冬夏换季，才往返一次（图 2-17）。

面对智叟的劝告，愚公不为所动，他不畏艰难，坚持不懈，挖山不止，并说："虽我之死，有子存焉；子又生孙，孙又生子；子又有子，子又有孙；子子孙孙，无穷匮（kuì）也，而山不加增，何苦而不平？"意思是：即使我死了，还有儿子在；儿子又生孙子，孙子又生儿子；儿子又有儿子，儿子又有孙子；子子孙孙没有穷尽，可是山不会增高加大，为什么还担心挖不平呢？尽管土方量庞大、任务艰巨，且每次掘土数量有限、运送艰难，愚公明知要花很长的时间，但他没有被困难吓倒，相信凭几代人持之以恒的努力，终会完成从量变到质变的飞跃，达成平山之目标。

---

① 熊万杰. 将中华传统文化思想融入大学物理教学之初探. 物理与工程，2009（2）：37-40.

图 2-17　愚公移山

　　点滴进步、持之以恒的描述在传统文化中并不鲜见，成语"只要功夫深，
铁杵磨成针"，说的也是这个道理。这里，杵（chǔ）是指舂米或捶衣的木棒。
这个成语源自宋代文学家祝穆（？—1255）所著《方舆胜览·眉州·磨针溪》：
"世传李白读书象耳山中，学业未成，即弃去。过是溪，逢老媪方磨铁杵，问
之，曰：'欲作针'。太白感其意，还卒业。"说的是唐代大诗人李白小时候读
书不用功，经常逃课。一次，他在溪边碰到一位白发老媪霍霍地磨着铁杵。他
好生奇怪，问她磨这个干什么，老媪回答说："想要磨成针。"李白明白了她说
的话，被她的意志感动，回去完成了学业。

　　"铁杵磨成针"，非朝夕之功，需要意志坚定、日积月累、不懈努力才能
实现。

　　下面来看看热力学中准静态过程的模型与上述两个故事中的"工作量大而
点滴积累、耗时久而持之以恒"的相通之处。热力学系统从一个状态变化到另
一个状态，称为热力学过程。从原平衡态到新的平衡态中间要经历一系列非平
衡态（图 2-18）。

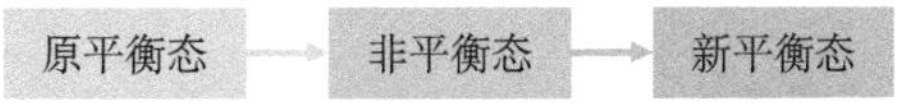

原平衡态　→　非平衡态　→　新平衡态

图 2-18　热力学过程

图 2-19 所示的气缸 - 活塞系统，当活塞受到水平向左的推力，气缸内气体的体积要被压缩。系统经历非常复杂的自身调整过程后，才能从失去平衡到恢复平衡：起初，只有活塞附近的气体"感受到"压力突然增大而开始压缩，而后增压的影响才在气体中向远处传播；最后，在气体间内摩擦力的作用下，系统恢复平静，达到新的平衡态。在中间的非平衡状态下系统中各处没有统一的压强，无法用状态参量压强来描述气体系统的状态。

图 2-19　气缸 - 活塞系统

在热力学中研究过程中，为了在理论上能利用系统处于平衡态（可以用压强 P、体积 V、温度 T 等宏观参量来描述）时的性质，引入准静态过程的概念。它是由一系列依次接替的平衡态所组成的过程，是当系统的状态变化进行得足够缓慢，以至于系统连续经过的每一中间状态都无限接近平衡态的过程。例如，理想气体被封闭在气缸中，气缸的活塞上堆满沙子（图 2-20），当将活塞上的沙子一粒一粒地缓慢拿走时，气缸里的理想气体的状态变化得极其缓慢，此热力学过程就可认为是准静态过程。

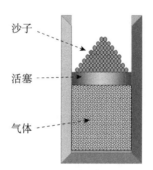

沙子

活塞

气体

图 2-20　准静态过程

从一堆沙子中将沙子一粒一粒地缓慢拿开，以满足准静态过程的条件。这与"愚公移山""铁杵磨成针"的意境有相似、相通之处：沙堆就是王屋、太行二山，就是铁杵，看起来很庞大，这对应热力学系统的原平衡态；沙堆最后被移走、消失了，代表愚公门前的大山被搬走了、被平了，代表铁杵已经被磨成针了，这对应新的平衡态，说明量变已经完成而达成了质变。一粒沙子就是愚公挑的一担土、老妪磨走的一点铁屑。沙子被一粒一粒拿开，就是在"寂寞"中实现的量变累积过程，这个累积过程很缓慢、很艰苦，从文化的角度来看是"意志坚定、持之以恒"；从物理学的角度看是让系统有足够的时间进行自身调整，或者说系统从一个状态变化到相邻的另一个状态的时间间隔远大于系统的弛豫时间，以至于拿走一粒沙子后，系统达到了新的平衡态，在此基础上，再去考虑拿另一粒沙子，如此重复，直至全部沙子被拿完。

这样一来，每拿走一粒沙子，系统达到一个新的平衡态，且每个相邻平衡态之间很接近，但最后沙子被全部拿走时，新的平衡态与原平衡态有了显著的不同。这正如我们观察树叶的生长，肉眼很难在短时间内看到有什么变化，但是一天后再来看，树叶确确实实生长了，有了显著的变化。拿沙子的过程对应于系统的状态一点一点地缓慢改变，这个状态改变的过程就是准静态过程，它能够用 $P\text{-}V$ 图来描述（图 2-21）。

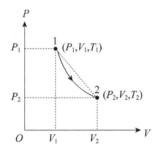

图 2-21　准静态过程的 $P\text{-}V$ 图

二、二流体模型

中国古代最负盛名的思想家、教育家孔子（前 551 — 前 479）是儒家学派的创始人。孔子的孙子子思（前 483 — 前 402）也是春秋时期著名的思想家，他所著的《中庸》与《大学》《论语》《孟子》并称为"四书"。宋、元以后，《中庸》成为学校官定的教科书和科举考试的必读书，对古代教育产生了极大的影响。

有人认为，"中庸之道"是文化糟粕，中国人的一些弱点、缺点，如缺乏创新精神、不思进取、不敢冒险、因循守旧，担心"木秀于林，风必摧之；堆出于岸，流必湍之；行高于人，众必非之"，都是受其影响。有人认为奉行"中庸之道"，就是好好先生和稀泥、搞折中，做无原则的调和，两边讨好，没有主见。"中庸之道"俨然成了贬义词。

其实，诸如此类弱点、缺点，很多是制度文化或现实体制造成的，与儒家"中庸之道"没有必然的因果关系。那么"中庸"究竟是什么意思呢？原著中是这么说的：

喜、怒、哀、乐之未发，谓之中。发而皆中节，谓之和。中也者，天下之大本也。和也者，天下之达道也。致中和，天地位焉，万物育焉。

意思就是：喜怒哀乐没有表现出来的时候，叫作"中"；表现出来以后符合节度，叫作"和"。"中"，是人人都有的本性；"和"，是大家遵循的原则。达到"中和"的境界，天地便各在其位了，万物便生长繁育了。这就是古人把"中庸"解释为"不偏不倚"的出处。这里的"中"是指适中、适度；"庸"即"用"；"中庸"就是"中和之为用"，不偏激、不走极端、不浮躁冒进，以中为贵、以和为美，用之社会人生。

《中庸》中还有一句："君子之中庸也，君子而时中；小人之中庸也，小人而无忌惮也。"这里"时"字表示对时机的判断，"中"则是中庸的简称。战国时期著名的思想家、教育家、儒家学派的第二代表人物孟子（约前372—约前289）在《孟子·公孙丑上》中描述孔子"可以仕则仕，可以止则止，可以久则久，可以速则速"，并推崇他是"圣之时者也"。因此，"时中"是说：在适当的时机做正确的事情，这是君子做的事情。小人反其道而行之，肆无忌惮，专走极端。

宋代著名的理学家朱熹（1130—1200）对"中庸"的解读为："中庸者，不偏不倚，无过不及，而平常之理，乃天命所当然，精微之至也。"综上所述，"中庸之道"的核心思想就是"恰如其分""恰到好处"，以得体、合理、圆满为终极目标。所谓"世事洞明皆学问，人情练达即文章"，明白事理、掌握事实规律是一种学问，恰当处理事情，总结出来的规律就是文章。

热力学中二流体模型的提出就是典型的"中庸之道"。实验发现在2.19K（−270.96℃）下，液氦的密度有个极大值，热容量曲线有个非常陡峭的尖峰，像希腊字母λ，后来这个峰值所对应的温度被称作λ点（图2-22）。λ点上的液氦是沸腾的，而λ点下的液氦与之不同，沸腾停止了，因气泡的消失而变得透

明了。根据这种情况，荷兰物理学家凯索姆将 λ 点上下的液氦分别称作氦 I 和
氦 II。一般情况下，液体的黏滞系数随温度的下降而增大。然而，苏联的卡皮
查经过实验，于 1937 年发现温度下降到一定程度氦 II 黏滞性完全消失，黏度
为 0，这种现象被称为超流性。卡皮查因此获得了 1978 年的诺贝尔物理学奖。
氦 II 的正常成分具有熵和黏滞性，而超流成分则都没有，这种奇妙的现象如何
理解？为了调和这种矛盾，恰如其分、恰到好处地解释这种现象，提萨唯象地
提出宏观二流体模型，他认为氦 II 含正常流体（密度为 ρ_n）和超流体（密度为
ρ_s）两种成分，这两种成分能够互相无阻碍穿透，氦 II 的密度是这两种成分密
度之和 ρ，当温度从 λ 点趋向 0K[①] 时 ρ_s 由 0 增至 ρ，而 ρ_n 则由 ρ 减至 0。二流体
模型非常好地解释了实验现象，取得了成功。后来，苏联物理学家朗道引入了
旋子的概念，提出了更为深刻的微观二流体模型，并获得了 1962 年诺贝尔物
理学奖。

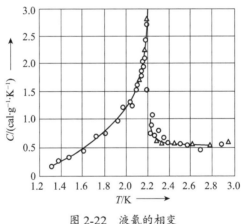

图 2-22 液氦的相变

二流体模型的建立就是以"合适""得体"为追求，科学地调和"超流性"
和"黏滞性"这对矛盾体，使氦 II 中正常和异常两部分得以和谐相处并相互补
充、相得益彰，从而圆满地解释了实验现象。这里面的核心思想其实是与"中
庸"思想不谋而合的。

_____

① 自然界所能达到的最低温度，为 -273.15℃。

第三章
传统文化与电磁学

　　我们的祖先很早就十分注意大自然中的雷电现象，并且进行了细致的观察。早在公元前 1500 多年，殷商时代的甲骨文中就出现了"雷"字，到稍晚的西周，在青铜器上又出现了"电"字。基于这些观察和认识，就有了风驰电掣、电闪雷鸣、电光石火等成语。而立足于对磁现象的认识，古人制作出了司南、罗盘和指南针，技术远远领先于当时世界上的其他国家。文天祥曾用"臣心一片磁针石，不指南方誓不休"生动形象地表达了自己志向之坚定，使电磁现象又有了些许的人文意义。

　　物理学是自然科学，所描述的规律、定理，所研究的对象当然没有七情六欲，没有褒义、贬义之分，但是，如果我们把物理量进行拟人化的处理，将物理学置于传统文化营造的人文意境里，进而分析其性质、学习其理论，则可化抽象为形象，转兴味索然为兴趣盎然。本章把《劝学》中的"青出于蓝而胜于蓝"及成语"恩将仇报"分别与物理学中的磁介质磁化、楞次定律联系起来进行对比分析，别有一番趣味。

第一节 传统文化与摩擦起电

一、传统文化赏析

我国古代对于琥珀和玳瑁产生摩擦起电现象的记述颇丰。早在西汉,《春秋纬》中就载有"瑇瑁吸褕(细小物体)"一说,"瑇瑁"即玳瑁,一般指海生爬行动物的甲壳。《论衡·乱龙篇》中也有"顿牟掇芥",这里的"顿牟"也指玳瑁,"掇"指吸引,"芥"指芥菜子,统喻干草、纸等的微小屑末。这句话实质上说明了带有静电的物体能够吸引轻小的物体。这是因为摩擦后的玳瑁带电,在周围激发电场,电场可使绝缘体极化[①],在其表面出现了束缚电荷。纸屑上靠近玳瑁一端的束缚电荷与玳瑁所带的电异号,产生了吸引作用,若该吸引力大于纸屑的重力,则玳瑁将其吸起来。

琥珀是一种透明的树脂化石。从新石器时代起,人们已将琥珀当作装饰品;东汉时期,琥珀被雕成玩赏动物。《三国志·吴志·虞翻传》记载,"虎魄不取腐芥"。此处"虎魄"就是琥珀,"腐芥"即腐烂的草;腐草内含水分和电解质,已形成导体,所以不被带电琥珀吸引。南朝医药家、文学家陶弘景(456—536)则知道"唯以手心摩热拾芥为真",即用手心将琥珀摩擦发热后,琥珀能够吸引轻小的物体,以此作为识别真假琥珀的标准。南朝药物学家雷敩(xiào)(约公元5世纪)在《炮炙论》中有"琥珀如血色,以布拭热,吸得芥子者真也",他改用手摩擦为用布摩擦,使琥珀静电吸引力大大增加。

除了玳瑁和琥珀,古代中国人还发现了毛皮、丝绸等物质的静电现象。这些现象之所以被发现,是由于静电火花引起了人们的注意。晋代张华(232—300)在中国第一部博物学著作《博物志》中记述了梳子与丝绸摩擦起电引起的放电及发声现象:"今人梳头、脱著衣时,有随梳、解结有光者,亦有咤声。"意思是说,人们梳头、穿衣脱衣时,梳子与头发、外衣与里面的衣服摩擦,看到小火星并听到微弱的放电爆声。而南朝史学家、文学家沈约(441—

---

① 绝缘体内部的电子受制于原子或分子,无法像导体那样自由移动。一个绝缘体分子可视为等量异号电荷相互束缚而成的电偶极子,无外场作用时,因分子热运动,绝缘体表面宏观区域正负电荷数量大致相同,呈电中性。施加外场后,电偶极子受到了力或力矩的作用,在绝缘体表面聚集的正负电荷数量的平衡被打破,对外显微弱的电性,这个过程称为极化。

513）在《晋书·五行志》记载了这样一件事：晋永康元年（300），晋惠帝司马衷纳羊氏为后。羊氏入宫就寝，侍人为其解脱衣服，"衣中忽有火，众咸怪之"（衣中忽然有火，众人都觉得此事奇怪）。到了明代，人们对此现象应该是司空见惯，不再好奇了，明代宰相张居正（1525—1582）在《张文忠公全集·文集第——》中说："凡貂裘及绮丽之服（即绫罗绸缎）皆有光。余每于冬月盛寒时，衣上常有火光，振之迸炸有声，如花火之状。"与张居正同时代人都邛（qióng）在《三余赘笔》中这样描述丝绸的摩擦起电：人们用绫罗绸缎做衣服，"暗室中力持曳，以手摩之良久，火星直出"。中国是丝绸的故乡，古代人对这类静电现象无疑是非常熟悉的。[①] 方以智则认为，所有布料都能摩擦起电。他写道："青布衣，大红西洋布及人身之衣，气盛者皆能出火。"方以智的论断基本上是正确的，所谓的"气盛"是他那个时代对摩擦起电的一种流行解释而已。

此外，唐代著名志怪小说家段成式（803—863）描述了黑暗中摩擦黑猫皮起电的现象："猫黑者，暗中逆循其毛，即若火星。"

除了记述摩擦起电现象（图3-1），古籍中对该现象的具体应用也有记载。宋代文人张邦基（1131—1162）在其笔记体著作《墨庄漫录》中记载："孔雀毛着龙脑则相缀，禁中以翠羽作帚，每幸诸阁，掷龙脑以辟秽。过，则以翠

图 3-1　摩擦起电

① 戴念祖，张蔚河．中国古代物理学．北京：商务印书馆，1997：143-144．

羽扫之，皆聚，无有遗者，若磁石引针、琥珀拾芥，物类相感然也。"龙脑是一种可制作香料的有机化合物，孔雀毛扎成的翠羽帚可以吸引龙脑碎屑。这其实是因为用扫帚扫地时，翠羽之间相互摩擦而带电，而带电体又能吸引轻小物体，所以将龙脑碎屑全部吸引了起来。

二、物理学原理

从原子物理的角度来考虑，任何物体都是由分子、原子组成的，而原子又由带正电的原子核和带负电的电子所组成，原子核中有质子和中子，中子不带电、质子带正电。一个质子所带的电量和一个电子所带的电量数值相等，其值就是电荷量值的基本单元，一般用 e 来表示这个基元电荷，其量值为 $e=1.602 \times 10^{-19}$ 库仑，每个原子核、原子或离子、分子，以至于宏观物体所带的电量，都只能是这个基元电荷 e 的整数倍。

通常情况下，原子核带的正电荷数与核外电子带的负电荷数相等，原子不显电性，所以整个物体是中性的。原子核中正电荷数量很难改变，而核外电子却能摆脱原子核的束缚，转移到另一物体上，从而使核外电子带的负电荷数目改变。当物体失去电子时，它的电子带的负电荷总数比原子核的正电荷少，就显示出带正电；相反，本来是中性的物体，当得到电子时，它就显示出带负电。当两个物体互相摩擦时，因为不同物体的原子核束缚核外电子的本领不同，所以其中有一个物体失去一些电子，另一个物体得到多余的电子，于是两个原本是电中性的物体带上等量异种电荷。

摩擦起电是相互摩擦的物体间电子的得失而使物体分别带上了等量的异种电荷。或者说是电子由一个物体转移到另一个物体，使两个物体带上了等量的电荷，得到电子的物体带负电，失去电子的物体带正电。玻璃棒与丝绸摩擦时，由于玻璃棒容易失去电子而带正电；硬橡胶棒与毛皮摩擦时，由于硬橡胶棒容易得到电子而带负电。

三、实践与应用

不知大家注意到没有，有经验的搬运工人在运送完新买的冰箱后，会倚靠在墙壁或是铁质防盗门上一会儿。原来，搬运过程中人的衣服和冰箱的外包装纸盒之间产生摩擦而生电，人的衣服与墙壁和防盗门的接触其实是一个放电过程。

冬天天气干燥寒冷时，人们穿着羊毛、化纤等做成的衣服来御寒，在行走和运动过程中，衣服与衣服之间、衣服与身体之间会因摩擦而使人体带静电。当手接触到铁的门把手，甚至是洗手时接触水的瞬间，人体会出现轻微放电现象，导致手发麻或感到疼痛。有经验的人往往在进门之前将手掌放在墙壁上，使电荷分布在并不尖锐的表面，避免人体放电时的痛感。此外，潮湿的环境能有效抑制摩擦生电，因此人应该多喝水，多吃蔬菜、水果，并给干燥的环境加湿，以降低静电在人体的积累。

尽管摩擦生电有时候会给人们的生活带来困扰，但如果将摩擦产生的电作为电源给用电器供电，那就能使人类生活更为便利了。科学家发明了一种摩擦纳米发电机，它是由两层高分子薄膜摩擦来产生电的。这两层膜的材料不同，表现出相反的摩擦电极性，且它们得失电子的能力区别很大，因而在单位面积上能聚集更多的电量；运用特殊工艺在膜上做成纳米结构，增大摩擦面积，提高了发电机的供电能力。传统发电方式是由电磁感应产生电，这是一种三维的发电方式。与之不同的是，摩擦纳米发电机的发电方式是平面化的，人的走路、物体的振动，甚至是刮风或雨滴下落所产生的能量都能驱动摩擦生电，将机械运动转化为电信号。设想一下，如果在商场的地毯下安装这种发电机，一旦有人走过，就会产生电信号，商家就可以统计在某一时间段有多少人对某一件商品感兴趣，从而更好地进行商品布展和安排；又如，将这种发电机用于防盗，若盗贼试图窃取物品，将物品拿动的过程所产生的电流就会触发报警设备；再如，将这种发电机安装在自行车上，自行车车轮旋转会产生机械能，由于摩擦起电和静电耦合，发电机将这种机械能以一定的效率转化为电能给手机充电，岂不是可以边骑车边充电了（图3-2）？[1]

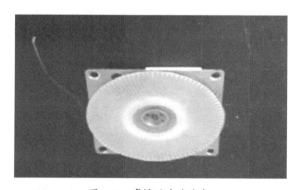

图 3-2　摩擦纳米发电机

① 程小备. 新型摩擦纳米发电机. 能源与节能, 2016, 127（4）: 43-45.

第二节　传统文化与雷电

一、传统文化赏析

我们伟大的祖国山川秀美，闻名于世的五岳各具特色：东岳泰山之雄，西岳华山之险，南岳衡山之秀，北岳恒山之奇，中岳嵩山之峻。明代旅行家徐霞客（1587—1641）曾有"五岳归来不看山"的名句。晚唐诗人李洞的诗作《华山》（图3-3）通过对大自然风云变幻的描述，有声有色地勾画出华山的千姿百态。

> 碧山长冻地长秋，
> 日夕泉源聒华州。
> 万户烟侵关令宅，
> 四时云在使君楼。
> 风驱雷电临河震，
> 鹤引神仙出月游。
> 峰顶高眠灵药熟，
> 自无霜雪上人头。

图 3-3　李洞与其笔下的华山

华山海拔 2154.9 米，挺拔屹立于海拔仅 330～400 米的渭河平原，北临咆哮的黄河，南依秦岭，是秦岭支脉分水脊北侧的一座花岗岩山。山上的观、院、亭、阁皆依山势而建，一山飞峙，恰似空中楼阁，而且有古松相映，更是别具一格。这首诗介绍了华山的四季风光，以及其高、奇、险、峻的特点。尤其是"风驱雷电临河震，鹤引神仙出月游"一句，指出了因风的驱动产生了雷电，而雷电带来了如此壮观的景象，以至于震动山河，从而把华山磅礴的气势与雄伟的气魄体现得淋漓尽致。

其实，雷电是人熟悉的一种自然现象，阴雨天，大气电场增强，当局部场强达到能击穿空气的程度时，就会放电发光。雷电往往发生在云内、云际、云空之间和天地之间。大自然中的雷电现象很早就引起了中国古人的关注和研究。早在 3000 多年前的殷商时期，甲骨卜辞中就已经出现了"雷"字。"雷"字上半部分是雨，下半部分是"田"，所以"雷"字表示下雨时，在田野上空发出的响声。而在西周时期的青铜器上就已经出现了"電"字，"電"字的上面是个"雨"字，下面是个"电"字，"电"字由"田"字和"乚"组成，形象地表示了在下雨天的田野上可以看见从上到下的闪电。由此可以看出，古人利用文字的方式，形象地记录了闪电的发生与形状。

从南北朝中期（490）开始，一直到明末清初（1644 年前后），古人对雷击过程中出现的一些现象的记载屡见不鲜，其中尤以明代张居正（1525—1582）关于球形闪电的记载最为精彩：某日"天微雨，忽有流火如球，其色绿，后有小火点随之，从雨中冉冉腾过予宅，坠于厨房水缸之中，其光如月，厨中人惊视之，遂不见"（见《张文忠公全集·文集第一一》），他在细致入微的观察的基础上，详细地记述了闪电火球的大小、形状、颜色、出现时间等，留下了可靠而宝贵的文字资料。

关于雷电现象的成因，《淮南子·地训形》中提出了"阴阳相薄为雷，激扬为电"的解释，即雷电是阴阳两气对立的产物，阴阳二气的相互碰撞产生雷；当阴阳二气碰撞后分开则产生了电。东汉王充在《论衡·雷虚篇》中指出"云雨至则雷电击"，明确地提出云与雷电之间的关系。又述："盛夏之时，太阳用事，阴气乘之。阴阳分事争，则相校轸。校轸则激射。"意思是说，夏天阳气占有支配地位，阴气与它相争，于是便发生碰撞、摩擦、爆炸和激射，从而形成雷电。他还用水浇在冶炼的炉火中为例，形象地说明雷电的形成过程："试以一斗水灌冶铸之火，气激劈裂，若雷之音矣。或近之，必灼人体。天地为炉，大矣；阳气为火，猛矣；云雨为水，多矣。分争激射，安得不迅？"这里，王充十分形象地将天地比作一个大熔炉，阳气为炉中之火，云雨就是浇灌在炉火上的水，水火相互作用引起的轰鸣声，那就是雷。王充还用具体的实例来说明雷电就是火，驳斥了当时盛行的雷电为"天公发怒"之说。他指出：

> 雷者，火也。以人中雷而死，即询其身，中火则须发烧燋，中身则皮肤灼焚，临其尸上闻火气，一验也。道术之家以为雷，烧石色赤，投于井中，石燋井寒，激声大鸣，若雷之状，二验也。人伤与寒，寒气入腹，腹中素暖，温寒分争，激气雷鸣，三验也。当雷之时，电光时见，大若火之耀，四验也。当雷之击时，或燔人室屋及地草木，五验也。夫论雷之为火有五验，言雷为天怒无一效。

唐代以后，人们对雷电现象的成因又有了新的认识。唐代学者孔颖达（574—648）在《左传疏》中说："电是雷光。"宋代的陆佃在《埤雅》里讲："电，阴阳激耀，与雷同气发而光者也。"他认为阴阳二气相激"其光为电，其声为雷"，于是出现了雷电。他还用铁与石相击所产生的火星与声响来比喻雷和电。南宋文学家周密（1232—1298）的《齐东野语》则认为阴气凝聚，阳气被包围在其中，一下子爆炸开来，于是就"光发而声随之"。而宋代朱熹的解释更有趣，他说雷电是"阴阳之气，闭结之极，忽然迸散出"。也就是说，当阴阳二气的能量积累达到一定的极限值时，这些能量便会在极短的时间内爆发，于是就见到了闪电、听到了雷声。元末明初的刘伯温（1311—1375）在其著作《刘文正公集》中说："雷者，天气之郁而激而发也。阳气困于阴，必迫，迫极而迸，迸而声为雷，光为电。"可见，当时已有人认识到雷声和闪电是同一自然现象的不同表现。

雷与电实际上是大气放电产生的两种物理现象：声和光。因为光速远大于声速，所以人们总是先看见闪电亮光，然后才听到放电声音。古代人对这两种现象都做了忠实记录，如《南齐书·五行志》中说："十月庚戌，电光，有顷雷鸣，久而止。"在历代史书中这种记录随手可拾。①

二、物理学原理

雷电是一种自然放电现象。一般而言，因气候和光照等原因，地表水吸收热量后汽化为水蒸气。水蒸气随着热空气上升，与高空中的冷空气相遇后产生

---

① 戴念祖，张蔚河. 中国古代物理学，北京：商务印书馆，1997：145.

对流，吸附空气中游离的正离子和负离子，并在地球电场的作用下，凝结成大量带电的小水滴和小冰粒，形成带电积雨云。若水滴和冰粒体积增大，就会下落到地上成为雨滴和冰雹。在大气层的对流圈附近，积雨云对流发展旺盛，云与云之间的碰撞加剧，使一块积雨云要么分离成聚集正电荷的上部和聚集负电荷的下部，要么分离成分别带正电和带负电的不同云块。随着异种电荷的不断积累，同一云团的上下部分或是不同极性云块之间的电势差不断增大，当电势差达到 250 万～300 万伏（比较一下，人体的安全电压不高于 36 伏，我国交流电的电压是 220 伏）时便会击穿云层或空气进行放电，瞬间形成强烈的弧光和火花，这就是我们看到的闪电。在闪电通道中电流极强，电能转化为热能，空气受热急剧膨胀，气压突增，随之发生爆炸的轰鸣声，这就是雷声。

至于雷雨天人们先看到闪电，后听到雷声，那是因为光的速度比声音的速度要快很多。毕竟在空气中，光速是每秒 30 万千米，而声音才每秒 340 米，闪电比雷声传播要快。人们先看到闪电后听到雷声，其实它们是同时发生的。

三、实践与应用

雷电中所蕴含的能量很大，中国古代就有"雷霆万钧"一说。如果能将这些能量收集起来好好利用，将使人类对其他能源的依赖大大减少。人类从 18 世纪中叶就开始了收集雷电的试验。尽管后人有所质疑，但我们还是愿意相信最早捕获雷电的是美国科学家本杰明·富兰克林，他在雷雨天放飞的风筝被闪电击中，闪电通过连接风筝的金属线被传导到地面的钥匙环。[①] 经过研究，他发现闪电与地上人们所用的电是同一种物质。但是，用风筝收集雷电的方法太危险了，富兰克林是幸运的，而俄国科学家里奇曼就没那么幸运了，后者在做雷电收集实验时不幸被球形闪电击中身亡。尽管科学家为此进行了不懈的探索，甚至付出了生命的代价，但雷电具有如此高的瞬间电压，找到能够容纳这种高压的电容器确实比较困难。而其他收集方法，如电磁感应等方法效率太低，技术上还不够成熟。

我们必须充分认识到雷电的危害。雷电的瞬间电流强度很大，若直接击中地上某处的设备，会产生强烈的电动效应和热效应而烧毁设备。而且雷电的电流周围会产生强磁场，若与电话线和电视天线等弱电系统发生电磁感应，会使

---

① 1752 年 10 月 19 日富兰克林在致《费城报》的一封信中介绍了这个实验设想，但是没有在信中明确表明自己做过该实验。

这些电器内部形成瞬间高压而被烧坏，因此房子周围出现雷电时，尽量不要开启电视机或者是打电话。另外，雷电周围会产生电磁感应而激发强大的交变电磁场，其感生出的电流破坏力也不小。因此雷雨天气时，人不要站在高处，要远离各种天线、电线杆、高塔甚至是大树；也不要在空旷的田野里行走或站立，远离各种金属物品，以免因导电而被雷击。

当然，任何事物都有两面性，雷电也有益处。例如，雷电能制造出被称作"空气维生素"的负氧离子，对人体健康很有利。负氧离子可以给空气消毒、杀菌，减少病毒的滋生和传播，因此每每雷雨过后，人们往往发现空气清新，心旷神怡。而且医疗专家研究发现，室内空气中的负氧离子浓度增加至一定比例，对治疗气喘、烧伤、溃疡、过敏性鼻炎、神经性皮炎、关节疼痛等病症有促进作用。另外，雷电将空气中的氮气和氧气电离成离子，两者结合成硝酸盐和亚硝酸盐后随雨水下落到地面成为天然氮肥。而且，雷电也能促进植物的光合作用和新陈代谢，因此雷雨过后植物生长加快。

第三节　传统文化与尖端放电

一、传统文化赏析

东汉著名文学家、史学家班固（32—92）在《汉书·西域传》中记载了汉朝征讨匈奴过程中为开辟通往玉门关的近道，与车师后王国（约在今新疆吉木萨尔县一带）的国王姑句交涉的故事。原文如下：

元始中，车师后王国有新道，出五船北，通玉门关，往来差近，戊己校尉徐普欲开以省道里半，避白龙堆之厄。车师后王姑句以道当为拄置，心不便也。地又颇与匈奴南将军地接，普欲分明其界然后奏之，召姑句使证之，不肯，系之。姑句数以牛羊赇吏，求出不得。姑句家矛端生火，其妻股紫陬谓姑句曰："矛端生火，此兵气也，利以用兵。前车师前王为都护司马所杀，今久系必死，不如降匈奴。"即驰突出高昌壁，入匈奴。

此处，"元始"为汉平帝年号，共五年（1—5）；"戊己校尉"是汉朝官名，掌管西域屯田事务，为屯田区最高长官；"赇"（qiú），贿赂之意；矛、戈、戟等为古代的兵器，都有尖利的锋刃；"车师前王"，即车师前王国的国王兜莫；"高昌壁"即戊己校尉驻所，在新疆艾丁湖的北面。

　　这段话的意思是：汉平帝年间，（汉朝发现）车师后王国有一条新道，从五船以北可通到玉门关，往来较近。戊己校尉徐普想要开此新道，因其可以省一半的路程，又可避开白龙堆的危险地区。车师后国王姑句认为该新道直贯本国，内心不满。新道所在地与匈奴南将军地连接，徐普想明确此界线以报告皇上，就召姑句，让他帮助证明。可是姑句不肯，徐普就把他逮捕了。姑句几次用牛羊贿赂汉官，要求放他出去，都未获准。姑句家的矛头上冒火花，姑句之妻股紫陬（zōu）对姑句说："矛头上冒火花，这是兵气，有利于打仗。以前车师前王被都护司马杀死，今天你长时间被关押，必定也要死。不如投降匈奴。"于是（姑句）就骑马逃出高昌壁，投降匈奴。[①]

　　这里讲到兵器"矛"的尖头处冒火花，就是典型的"尖端放电"现象，即因雷电对矛产生静电感应，导致矛尖带电。尖端处的电场很强，将附近空气电离而放电，冒出火花。

　　无独有偶，东晋文学家、史学家干宝（283—351）在《搜神记》卷七中记载，永兴元年（304），成都王发动叛乱，陈兵邺城，在那日夜备战的紧张时刻，夜里"戟锋皆有火光，遥望如悬烛"。[②]

　　此外，东汉王充则在《论衡·龙虚篇》中提出："短书言：'龙无尺木，无以升天'……彼短书之家，世俗之人也。见雷电发时，龙随而起，当雷电树木之时，龙适与雷电俱在树木之侧，雷电去，龙随而上，故谓从树木之中升天也。实者，雷龙同类，感气相致。"这里的龙就是指尖端放电现象中产生的电流。

　　在雷电的作用下，除矛、戟等兵器，树木等植物可能会出现尖端放电现象外，建筑物也可能出现类似的现象。例如，我国著名的道教圣地——武当山上就出现了"雷火炼殿"（图3-4）的奇观。在海拔1612米的武当山主峰——天柱峰绝顶之上，屹立着一座光耀百里的铜制鎏金房屋——金殿。金殿脊背上装饰有吻兽，有龙、凤、鱼、马、狮等。天柱峰顶的金殿建成之后，每当雷雨交加时，金殿周围就会出现盆大的火球来回滚动。在这种雷击电劈之下，周围的千年古松都未能幸免，但金殿泰然自若、毫发无损，而且更加金光闪耀，新灿如初。被雷击一次，金殿好像回炉冶炼了一次，正如古诗所云："雷火铸成金作顶。"这也是尖端放电现象。导体尖端的电荷特别密集，尖端附近的电场很强，使空气电离

---

①　http://www.shiwenwang.com/wenhua/guwen/2017018100_2.html. 2016-09-23.

②　戴念祖，张蔚河 . 中国古代物理学 . 北京：商务印书馆，1997：146.

而成为导体。武当山气候多变，云层常带大量电荷。金殿屹立峰巅，是一个庞大的金属导体，而且殿脊与脊饰物（龙、凤、马、鱼、狮）曲率不大，可视为尖端。当带电的积雨云移来时，云层与金殿之间形成巨大的电势差，尤其是尖端处激发很强的电场，就会使空气电离，产生电弧，也就是闪电。强大的电弧使周围空气剧烈膨胀而爆炸，看似火球并伴有雷鸣；而且金殿与天柱峰合为一体，本身就是一个良好的放电通道，将雷雨云中的电荷导入了大地，保证了出现炼殿奇观而又不被雷击。①

图 3-4　雷火炼殿

二、物理学原理

带电导体表面之外附近空间的场强与该处导体表面的电荷面密度成正比。电荷面密度，就是带电体电荷的电量与电量所在面积的比值。大致说来，在一个孤立的带电导体上，面电荷密度的大小与表面的曲率有关。导体表面凸出而尖锐的地方（曲率较大），电荷就比较密集，即电荷面密度较大，电场强度也大；表面较为平坦的地方（曲率较小），电荷面密度较小，电场强度较小；表面凹进去的地方（曲率为负），电荷面密度更小，电场强度更小。

导体尖端附近的电场特别强，会导致放电。这是因为在强电场的作用下，尖端附近空气中残留的离子会发生激烈的运动。在激烈运动的过程中，它们和空气分子相碰时，使空气分子电离，产生大量新的离子，这就使尖端附近空气

① 李湘黔. 中国民间文化与物理趣味. 成都：西南交通大学出版社，2013：194-195.

被击穿，其绝缘性能丧失，变得易于导电。煤气炉、打火机就是运用这种原理来点火的。如图 3-5 所示，空气中与尖端电荷异号的带电离子受到吸引而趋向尖端，最后两者中和。与尖端电荷同号的离子受到排斥而飞向远方。如果在导体尖端附近放一根点燃的蜡烛，这种离子流形成的"电风"会吹动蜡烛火焰而使之出现偏斜。

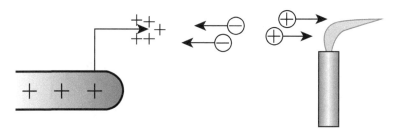

图 3-5　尖端放电导致电风

　　另外，导体内部有可以自由移动的电荷。当导体处在电场中时，外电场对这些可自由移动的电荷有力的作用（静电感应），使感应电荷聚集在导体表面（内部带电的空腔导体除外）。这样一来，导体做成的避雷针（图 3-6）在带电

图 3-6　避雷针工作原理

雷雨云所激发电场的作用下，其近端因静电感应也带上了与雷雨云相反的电荷。当雷雨云的带电强度足够大时，与避雷针之间形成巨大的电势差，避雷针尖端放电，击穿两者之间的空气，形成电的通路，将雷雨云中的电荷通过避雷针导入大地，从而保障建筑物的安全。由此可见，避雷针的顶部为尖端，底部与大地相连。

三、实践与应用

有不少史料表明，中国很早以前就有了专门的避雷装置，如宋代黄朝英在《湘素杂记》中记载："自唐以来，旧寺观殿宇尚有为飞鱼尾上指者。"如图 3-7 所示，安装在古建筑屋顶的装饰物外形尽管不尽相同，但是它们有几条铁制尖端物指向天空，在雷雨天气时产生尖端放电，再结合建筑物外墙的导电作用，以达到避雷的目的。另外，如图 3-8 所示，一些古塔的塔顶是用金属材料制成的，尽管它的尖端未接地，不是合格的避雷针，但在大雨淋湿塔身时实现导电，将雷雨云中的电荷导入大地，以此避雷。

现代社会，尖端放电现象应用比较普遍，如大家熟悉的电蚊拍。电蚊拍有三层网，外面两层接在一起形成一个电极，内部的中间层则为另一电极，其中

图 3-7　古建筑上安放的防雷装置　　　图 3-8　古塔塔顶用金属材料制成，可避雷

外面的网是由带棱角的金属丝焊接形成的，这些金属棱角构成尖端，通电时激发较高的电场，产生一定的静电吸附作用，蚊子容易在电场作用下被极化而黏附在外层金属网上。电蚊拍内部的升压电路可使两极间电压升至几千伏，继续按下开关，被吸附在外网上的蚊子本身成为一个尖端，激发很强的电场。该电场击穿蚊子与内网之间的空气而剧烈放电，蚊子被击晕或电死，并伴有电火花和"噼噼啪啪"的声响。如果蚊子身体的另一端与内网接触，就会形成两极间的短路，电流从蚊子身上流过，在"吱吱"声中蚊子被烧焦，这是电能转化成了热能的缘故。

为了节省材料、便于运输，更重要的是为了避免大规模的尖端放电，高压电线常被做成圆柱形。但是圆柱形输电线表面也可能不完全光滑，有些部位仍然存在毛刺而形成尖端，而且潮湿天气中黏附在输电线上的水滴在重力和表面张力的作用下形成尖端，从而激发强电场，使周围的空气发生电离，伴随着蓝色的辉光和"嗡嗡"的声响出现局部放电，这就是电晕现象。电晕放电会产生大量的热量，增加输电损耗，干扰附近的无线电和通信线路。为了避免电晕现象的产生，有时候将输电线的线芯表面先用绝缘体覆盖，然后包上一段互相连在一起的金属带，用来起屏蔽作用，以减少输电线周围的尖端放电。

第四节　传统文化与磁现象

一、传统文化赏析

文天祥（图3-9）在赣州知州任上时，以家产充军资，起兵抗元，入卫临安，不久任右丞相，赴元军谈判被扣留，拘押北行。后脱险南归，率兵抗击元军。景炎元年（1276），他在从南通往福州拥立端宗以力图恢复的途中，作《扬子江》一诗以述志：

几日随风北海游，

回从扬子大江头。

臣心一片磁针石，

不指南方不肯休。

地球周围有磁场，其外部磁感线的方向是由地理南极指向地理北极。若把地球看成是一个巨大的磁体，它也有磁南极和磁北极，只不过磁南极在地理北极附近，磁北极在地理南极附近。磁针石带有磁性，分为南极（S极）和北极（N极）。在地磁场（图3-10）的作用下，按照"同名磁极相斥、异名磁极相吸"原理，小磁针南极的指向与地球外部磁感线方向相反，也就是从地理北极指向地理南极。

图 3-9 文天祥与磁针石

诗人用"磁针石指南"这一固有自然现象来比喻他抗元的坚定决心及对国家的忠贞情怀，可谓生动形象、掷地有声。是啊，南方，南方，南方——那里正是自己国家大宋的版图，那里正是自己心灵永远的栖息地，那里正是自己为之魂牵梦绕、朝思暮想的地方！景炎三年（1278），文天祥兵败被俘，在狱中坚持斗争，四年后终以不屈而被害。"人生自古谁无死，留取丹心照汗青"，文天祥的爱国主义精神彪炳史册，鼓舞和影响了一代又一代中国人。

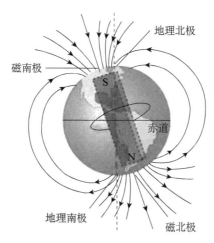

图 3-10 地磁场

　　我国是对磁现象认识最早的国家之一，成书于战国时期的《管子》一书中就有"上有慈石者，其下有铜金"的记载，这大概是关于磁的最早记载。《淮南子》卷十六《说山训》中有"慈石能引铁，及其于铜，则不通矣"，而卷六《览冥训》中有"若以慈石之能连铁也，而求其引瓦，则难矣"的记载，说明磁石只能吸铁，而不能吸金、银、铜等其他金属及砖瓦这些材料。与之相反，古人对如何屏蔽磁现象也有所认识。清初地理学家刘献庭（1648—1695）在《广阳杂记》中记载了这样一件事：

　　或问余曰："磁石吸铁，何物可以蔽之？"犹子阿孺曰："唯铁可以隔之尔。"其人去而复来曰："试之果然"……后见一书曰："蒜可以避磁石之引铁"，尚未试之。

　　这是我国关于磁屏蔽最早的记载。意思是说，某人问："磁石能将铁吸引起来，什么物体可以阻碍这种吸引呢？"侄子阿儒说："只有铁可以隔断它。"其人即去试验，发现果然如此……后来见到一本书上说"大蒜可以用来隔断磁石吸引铁"，对此还没有做过试验。这个故事告诉我们，古人已经知道用铁、大蒜等物质来隔断磁石对铁等物质的吸引作用，至于隔断的具体方式，却没有详述。但既然已经做过试验，肯定是自得其法。从现代磁学知识看，只要用铁丝将磁石包围起来，或者将物体放入铁丝网笼中，磁铁就不能吸引它了。这种隔断磁作用的现象被称为磁屏蔽。

　　关于磁石的性质，北宋沈括在《梦溪笔谈》中进行了详细的记载：

　　方家以磁石磨针锋，则能指南，然常微偏东，不全南也。水浮多荡摇，指爪及碗唇上皆可为之，运转尤速，但坚滑易坠，不若缕悬为最善。其法取新纩中独茧缕，以芥子许蜡，缀于针腰，无风处悬之，则针常指南。其中有磨而指北者。予家指南、北者皆有之。磁石之指南，犹柏之指西，莫可原其理。

这段话的意思是说：技艺精湛的人用磁石磨针尖，则针尖能指南，但常常微微偏东，不完全指向正南方。让带磁的针浮在水上，则多动荡摇摆，放在指甲上或碗边上试验也可以，而且转动更灵活，但这类物品坚硬光滑，针容易坠落，不如用丝线把针吊起来为好。其办法是从新缫出的丝絮中，抽出一缕蚕丝，用芥子大小的一点蜡，把它粘缀于针腰处的平衡点上，在无风的地方悬挂，则针尖常常指南。其中也有针尖磨过之后指北的。我家里指南指北的都有。磁石指南的特性，犹如柏树的生长偏向西方，现在还无法推究其道理。[①]

这段话涉及的物理学知识主要有三个方面：其一是最早指出了人造磁针方法，即"以磁石磨针锋"，得到了简易的磁体；其二是放在磁场中小磁针会因为受到磁场的作用而发生偏转，其中所涉及的磁场是地球本身自带的磁场——地磁场；其三是磁偏角的问题，即小磁针所指的地磁北极在地理南极附近偏东的位置，而非正中指向，这就是磁偏角，沈括是世界上第一个指出此问题的人。西方在 1492 年哥伦布横渡大西洋发现新大陆时才观察到地磁偏角，比中国晚了四个多世纪。这段话中提出的"指南"或"指北"的问题，实际上应该解释为磁针的针头为 N 极还是 S 极，若为 S 极则指向地理南极，若为 N 极则指向地理北极。这一问题，沈括在《梦溪笔谈·补笔谈卷三》中有说明：以磁石磨针锋，则锐处常指南；亦有指北者，恐石性亦不同。此处"石性"即磁石的极性。如图 3-11 所示，现代人们用的指南针，一般将 N 极指针涂红，因而指北。

图 3-11　现代指南针

① http://so.gushiwen.org/guwen/bookv_2299.aspx.2016-08-29.

根据古籍记载，古人还将磁现象运用于实际生活。南北朝地理学家郦道元（约469—527）所著的《水经注》中记载秦始皇用磁石建造阿房宫北阙门，"有隐甲怀刃入门"者就会被查出，这便是利用了磁体能吸铁的性质。汉代著名史学家司马迁（前145—前87）所著的《史记》卷二十八《封禅书》中说，西汉有一个名叫栾大的方士，他利用磁石的特性做了两个类似棋子的东西，通过调换两个棋子S极和N极的方位，使它们有时相互吸引，有时相互排斥，栾大称其为"斗棋"。他把这个新奇的玩意儿献给汉武帝，并当场演示。汉武帝惊奇不已，龙心大悦，竟封栾大为"五利将军"。这就是磁体的异极相吸、同极相斥现象。唐初宰相房玄龄（579—648）等人合著的《晋书·马隆传》中记载："夹道累磁石，贼负铁铠，行不得前，隆卒悉被犀甲，无所溜碍"说的是公元3世纪左右，西晋名将马隆在平叛鲜卑人的战役中，命士兵将大批磁石堆垒在一条狭窄的小路上。身穿铁甲的敌军个个都被磁石吸住，而马隆的兵将身穿犀甲，行动如常。智勇双全的马隆将磁铁吸引铁、钴、镍的性质运用于战场中，取得了出其不意的效果，最终取得了这场战争的胜利。

除此之外，磁石还常常用于医疗。《史记》中有用"五石散"内服治病的记载，磁石就是五石之一。成书于汉代的《神农本草经》中写道："慈石，味辛寒，主周痹风湿，肢节中痛，不可持物，洗洗酸消，除大热烦满及耳聋。"这说明从中医理论出发，汉代人已总结了磁石的药性及其所能治疗的疾病。明代李时珍的《本草纲目》中也有记载："慈石三十两，白石英二十两，槌碎瓮盛，水二斗浸于露地。每日取水作粥食，经年气力强盛，颜如童子。"

二、物理学原理

在原子中，核外电子带有负电荷，是一种带电粒子。电子的自转（或自旋）可视为自旋电流，正如宏观电流在其周围会激发磁场一样，自旋电流也会产生磁矩，物理学上将之称为电子自旋磁矩。或者说，自转使电子本身具有磁性，成为一个小小的磁针，我们把它称为电子小磁针。它与宏观磁针一样，也具有北极和南极。既然电子的自转会使它成为小磁针，那么原子乃至整个物体会不会自然而然地也成为一个磁铁了呢？当然不是。如果是的话，岂不是所有的物质都有磁性了？为什么只有少数物质才具有磁性呢？原来，电子的自转方向总共有上下两种。在一些物质中，具有向上自转和向下自转的电子数量一样多，它们产生的磁矩会互相抵消，整个原子以至于整个物体对外没有磁性。如图3-12所示，若原子内部向上自转和向下自转的电子的数量不同，这些电子的磁矩就不能相互抵消，整个原子就具有一定的总磁矩，简称原子磁矩。但是大多数情况下，物质内各个原子磁矩之间没有相互作用，它们是混乱排列的，所以整个物体没有磁性。铁、钴、镍等少数物质中的原子磁矩，由于"交换作用"，被整齐地排列起来，整个物体也就有了磁性，这类物质就是磁性材料。当然不同磁性材料具有的磁性强度也不同，这取决于向上自旋和向下自旋的电子数目抵消后，剩余的电子数量。例如，铁的原子中自转没有被抵消的电子数量最多，原子的总剩余磁性最强；而镍原子中自转没有被抵消的电子数量很少，所以它的磁性相对较弱。

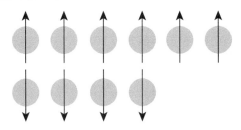

图 3-12　电子自旋

　　磁体的周围存在磁场，磁体间的相互作用就是以磁场为媒介的。由于磁体的磁性来源于电流，电流是电荷的定向移动，所以概括地说，磁场是由运动电荷或电场的变化而产生的。

　　那么磁屏蔽是如何实现的呢？可以借助并联磁路（类似于并联电路）的概念来说明。如图 3-13 所示，将一个铁壳放置在外磁场中，则铁壳的壁与空腔中的空气可以看成是并联磁路，由于空气的磁导率[①]接近于 1，而铁壳的磁导率至少有几千，所以空腔的磁阻比铁壳壁的磁阻大很多。这样一来，外磁场的磁

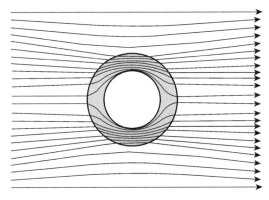

图 3-13　磁屏蔽示意图

————————
　　①　物体在磁场中导通磁感线的能力。

感线中绝大部分将沿着铁壳壁内"通过",进入空腔内部的磁感线是很少的,类似于并联电路中的短路现象。这就可以达到磁屏蔽的目的。磁屏蔽通常是用来保护电子线路免于受到永磁体、变压器、电机、线圈、电缆等产生磁场的干扰。例如,示波管、显像管中的电子聚焦部分,为了防止外磁场的干扰,常在它们的外部加上用软磁材料做成的磁屏蔽罩。

三、实践与应用

指南针是我国古代的四大发明之一,那么指南针是如何制成的呢?北宋文学家曾公亮(999—1078)在庆历四年(1044)左右主编的《武经总要》中有指南鱼的具体制作方法:用薄铁叶剪裁,长二寸,阔五分,首尾锐如鱼型,置炭火中烧之,候通赤,以铁钤(qián)钤鱼首出火,以尾正对子位,蘸水盆中,没尾数分则止,以密器收之。这段话是说,先把钢片做成鱼形放在火里烧得通红,然后用铁钳夹着钢片鱼鱼头,拿出火外,再把钢片鱼鱼尾正对北方浸在水中冷却,钢片鱼通过地磁场的作用,被磁化为指南鱼。这是世界上利用地磁场进行人工磁化的最早记载。西方最早提到这种热磁化技术的文献是英国物理学家吉尔伯特(Gilbert,1544—1603)于1600年发表的《磁体》。值得指出的是,如图 3-14 所示,我国古代指南针运用天干地支来定义空间方位,子位居正北方,午位居正南方。

图 3-14　古代指南针

地磁场可以用来制作指南针,也可以用于预测地震。一些科学家认为,地壳内部分岩石熔融后，形成热流对流，驱动电荷运动产生了地磁场。当地震来临时，熔融岩石流流动出现异常，导致地磁局部异常。动物对磁场的变化反应比较灵敏，因此地震前夕一些动物往往会出现烦躁不安的状况，如蚯蚓迁徙、鸡鸣狗跳、鱼儿出水，等等。因此，地震观测站常常养有各种小动物以助力地震预测。[①]

近代以来，磁性材料已经广泛地渗透到人们的日常生活中。例如，大家外出旅游时，可能看见导游使用扩音器进行讲解。事实上，扩音器就用到了永磁体。扩音器之所以可以扩大音量，是因为其振动膜发生了与原音频信号波形相同、振幅扩大的振动，再结合喇叭的作用发出洪亮的声音。而振动膜发出的振动是由音圈带动的。原来，人的声音被转化成交流音频电流后，通过了扩音器的音圈，产生了磁场，磁场与扩音器内置的永磁体之间相互作用，使音圈振动。又如磁记录，先将声音、图像、数字等信息转变为电信号，再运用记录磁头将电信号转变为磁信号，之后将其存储在磁记录介质中。读出过程是写入过程的逆过程，即将记录介质中的磁信号通过磁头读出，再将磁信号转变为电信号后还原为声音、图像和数字信息。记录磁头一般由矩磁材料制成，其主要成分是镁锰铁氧体、锂锰铁氧体等，这类材料的磁滞回线接近矩形，因而可以利用其两个剩磁态表示计算机中的"1"和"0"两个状态。

第五节　传统文化与介质磁化、楞次定律

一些古文名句中所描述的意境，套用在某些物理学原理、概念和模型上非常贴切，本节将把《劝学》中的"青出于蓝而胜于蓝"及成语"恩将仇报"分别与物理学中的磁介质磁化、楞次定律联系起来对比分析，别有一番趣味。

一、磁介质磁化

荀子在《劝学》中开篇就说"青，取之于蓝，而青于蓝；冰，水为之，而寒于水"。这里的"青"即靛青，是一种染料："蓝"是指蓼（liǎo）蓝，一年

---

① 宋峰.文科物理——生活中的物理学.北京：科学出版社，2013：119-120.

生草本植物，叶子含蓝汁，可以做蓝色染料。这句话的字面意思是说，靛青是从蓝草里提取的，可是比蓝草的颜色更深；冰是水凝结而成的，却比水还要寒冷（图3-15）。进一步分析，作者是用这两类自然现象来比喻任何人通过发愤学习，都能进步，今日之我可以胜过昨日之我，学生也可以超过老师。这两个比喻，使学习的人受到很大的启发和鼓舞。不过，要能"青于蓝""寒于水"，绝不是"今日学，明日辍"所能办到的，必须不断地学，也就是说"学不可以已"，学习不能停止。所以，这两个比喻深刻有力地说明了中心论点，催人奋进。

图 3-15　青出于蓝而胜于蓝

看来，"青"和"蓝"、"冰"与"水"的关系是"长江后浪推前浪""一代新人胜旧人""雏凤清于老凤声"。那么，在物理学中，我们是否也能找到这种类似的关系呢？答案是肯定的。那就是铁磁质的磁化过程中附加磁感强度与外磁场的磁感强度的关系。

我们知道，磁场对处于磁场中的某些物质要起作用，使其磁化。一切能够被磁化的物质称为磁介质。而磁化了的磁介质也要激起附加磁场，会对原磁场产生影响。如果附加磁场比原磁场弱很多，且方向一致，则这种磁介质称为顺磁质。下面从微观的角度来分析磁介质的磁化机理。前一节曾谈到电子自转产生自旋磁矩，其实电子除了自转还要绕原子核旋转，绕核旋转的电子也相当于一个电流环，从而有一定的磁矩，称为轨道磁矩。在原子或分子内部一般不止一个电子，各个电子轨道磁矩和自旋磁矩的矢量和统称为分子磁矩。也就是说，分子内各个电子因自转和绕原子核旋转对外界所产生磁效应的总和，可用一个等效的圆电流表示，统称为分子电流。因此可将每个分子等效为一个圆电流。而分子圆电流可视为一个小磁针，一般把它们称为分子小磁针，其功能与玩具磁针类似，只是前者是微观的，肉眼看不见，后者是宏观的，可以直接看清。在没有外磁场的情况下，顺磁质并不显现磁性，这是因为分子处于热运动中，其运动是杂乱无章的，分子小磁针的方向也是杂乱无章的。在宏观区域内有许许多多个分子小磁针，可是大家各自为政，整体而言它们对外就不显磁性了（图3-16）。顺磁质置于外磁场中时被磁化，各分子小磁针都受到磁力矩的作用，它们的取向具有转到与外磁场方向相同的趋势而出现附加磁场，但附加磁感强度远小于外磁场的磁感强度，因而顺磁质是一种弱磁质。

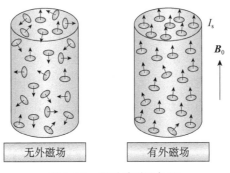

图 3-16 顺磁质磁化机理

与顺磁质不同，铁磁质是以铁为代表的一类磁性很强的物质。除铁、钴、镍外，某些稀土族元素，如镝、钬等也具有铁磁性。目前大多数常用的铁磁质是铁和其他金属或非金属组成的合金，以及某些包含铁的氧化物（铁氧体）。没有外磁场时，与顺磁质内部分子小磁针的各自为政相比，铁磁质就非常不同了，其内部电子间因自旋引起的相互作用非常强烈，在这种作用下，分子小磁针很团结，取向高度一致，在铁磁质内部形成了一些微小的区域，叫作磁畴。这种磁畴就像高校里面的同乡会一样，出生地相同的人有相同的方言、相同的生活习惯，大家聚在一起，共同语言也多。当然，整个学校的人是来自五湖四海的，学校里面也有若干个同乡会，不同同乡会的步调未必一致，也就是说，不同磁畴的磁场方向不同。对铁磁质施加外磁场时，各个磁畴内的分子小磁针整体都趋向于沿外磁场方向排列。就好像现在学校要开大会了，校园内所有成员以同乡会为单位前往会场，大家这时候行进的方向高度一致，团结就是力量，浩浩荡荡、气势宏伟，也就是说形成了集体行为。正因为如此，在不强的外磁场作用下，铁磁质就可以表现出很强的磁性来（图 3-17）。

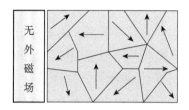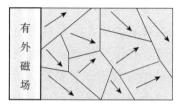

图 3-17　铁磁质磁化机理

铁磁质的附加磁感强度比外磁场的磁感强度一般要大几十倍到数千倍，甚至达到数百万倍。此时，附加磁场强度就是"青"，外磁场就是"蓝"。"青出于蓝"是因为在外磁场的作用下才出现附加磁场；"青胜于蓝"则是附加磁场的磁感强度远大于外磁场的磁感强度。

由此引申开去，顺磁质的磁化就是"青出于蓝而弱于蓝"了。与此类似，电介质在外电场的作用下，出现极化电荷，极化电荷产生的电场强度小于外电场的电场强度，也是"青出于蓝而弱于蓝"。而处于外电场中的导体达到静电平衡后，感应电荷激发的电场与外电场的强度相同，那就是"青出于蓝而等于蓝"了。

二、楞次定律

"恩将仇报"是一个贬义词，意思是说拿仇恨回报所受的恩惠。明代杰出小说家吴承恩（约 1500—1582）所著的《西游记》第三十回记载：

沙僧已捆在那里，见妖精凶恶之甚，把公主掼倒在地，持刀要杀。他心中暗想道："分明是他有书去，救了我师父，此是莫大之恩。我若一口说出，他就把公主杀了，此却不是恩将仇报？罢！罢！罢！想老沙跟我师父一场，也没寸功报效，今日已是被缚，就将此性命与师父报了恩罢。"

这里的"公主"就是宝象国三公主，她救了唐僧，沙僧不想恩将仇报，告知黄袍怪是三公主修书告知他们师徒来此处的，于是决定舍身成仁，报答师恩。

此外，明代文学家、戏曲家冯梦龙（1574—1646）在《喻世明言》卷二十七《莫秀才发迹暗害糟糠妻子　金玉奴获救棒打薄情郎君》中讲了一个夫妻分而复合的故事。大家闺秀金玉奴与穷书生莫稽结婚后，劝丈夫刻苦读书、有所成就，凡古今书籍，她不惜价钱买来与丈夫看；又不吝供给之费，请人会文会讲；又出资财，教丈夫结交延誉。[①]莫稽由此才学日进，名誉日起，二十三岁发解连科及第[②]。谁知做了官[③]的莫稽只想着今日的富贵，却忘了往日的贫贱，把妻子资助成名的一段功劳化为春水，竟嫌玉奴出身微贱，而将其推入江中。所幸玉奴为淮西转运使许德厚所救，收为义女。许公宅心仁厚，使金莫二人再度见面，并促其复合。见面后，金玉奴唾面莫稽，骂道：

薄幸贼！你不记宋弘有言："贫贱之交不可忘，糟糠之妻不下堂"？当初你空手赘入吾门，亏得我家资财，读书延誉，以致成名，侥幸今日。奴家亦望夫荣妻贵，何期你忘恩负本，就不念结发之情，恩将仇报，将奴推堕江心。幸然天可怜，得遇恩爹提救，收为义女。倘然葬江鱼之腹，你别娶新人，于心何忍？今日有何颜面再与你完聚？

玉奴所言义正词严，对莫稽震动很大、教育很深。"知错能改，善莫大焉"，后来莫稽与玉奴重归于好，倍于从前。许公及夫人待玉奴如真女，待莫稽如真婿，玉奴待许公夫妇亦与亲生父母无异。莫氏与许氏世世为通家兄弟，往来不绝。

物理学是自然科学，所描述的规律、定理，所研究的对象当然没有七情六欲，没有褒义、贬义之分。但是，如果我们把物理量进行拟人化的处理，将物理概念置于传统文化营造的人文意境里，进而分析其性质、学习其理论，则可化抽象为形象，转兴味索然为兴趣盎然。

那么，哪个物理量"恩将仇报"呢？答案是：感应电流。楞次定律认为：闭合的导线回路中所出现的感应电流，总是使它自己所激发的磁场反抗任何引发电磁感应的因素（反抗相对运动、磁场变化或线圈变形等）。说得通俗一点，相对运动、磁场变化或线圈变形等因素，导致闭合回路中出现了感应电流。感应电流产生后，它不但没有"报恩"，报答使自己出现和产生的这些物理原因，竟然"恩将仇报"，它自己产生一个磁场（感应磁场），用来阻碍这些催生它的物理原因。以图 3-18 为例：用导体做成轨道放置在磁场中，并用导线连接电流计。导轨上放置一金属棒，与导线、电流计构成一个闭合回路。若金属棒不动，则回路中没有电流。若金属棒获得了一个水平向右的初速度，则闭合回路

---

① 播扬声誉、传扬好名声之意。
② 连中乡试、会试、殿试三个第一称为连科及第。
③ 莫稽当时的官职是无为军司户。无为军，地名；司户，掌管户口账册的地方官。

中就会出现感应电流。感应电流深知是金属棒的运动"帮助"了自己，"催生"了自己，但是它就是要阻碍金属棒的运动，给金属棒施加一个水平向左的力，使金属棒的运动速度越来越小。感应电流是如何实现这种"恩将仇报"的阻碍呢？金属棒上的感应电流是从下至上的（闭合回路中电流方向逆时针），因而在磁场作用下获得了水平向左的安培力。你可能会问，那为什么感应电流在金属棒中的方向不是从上而下（闭合回路中电流方向顺时针），使金属棒获得水平向右的安培力，从而回报金属棒的"恩情"，助金属棒进一步加速呢？其实我们不能苛责感应电流选择这个方向来阻碍金属棒的运动，这不是它自己所能决定的，一切是能量守恒定律在支配。如果感应电流所产生的作用，不是反抗金属棒的运动，那么只要我们开始用一力使导线做微小的移动，以后它会越来越快地运动下去。这也就是说，我们可以用微小的功来获得无穷大的机械能，这不就成了永动机了吗？显然，这与能量守恒定律相违背。实际上，本例中金属棒运动的机械能逐步转化为闭合回路中的电能和热能，这才符合能量守恒定律。

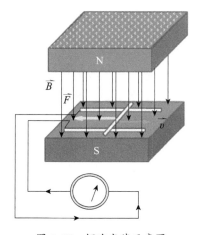

图 3-18　楞次定律示意图

三、实践与应用

随着社会的进步和经济的发展，尤其是第二次工业革命以来，人们对电能的需求越来越多，发电站和发电机应运而生。水力发电是运用蓄在高处的水倾泻而下将势能转化为动能，驱动水轮机，带动转子在磁场中旋转，导致磁通量随时间变化，或者说切割磁感线，从而产生感应电动势，将其接入电路后产生电流。火力发电则是通过给锅炉里的水加热，产生高温高压的水蒸气，热能转化为动能，驱动汽轮机带动转子在磁场中转动，再经过电磁感应激发电动势。

　　磁悬浮列车的设计也是运用了电磁感应。其工作原理如图 3-19 所示，列车车厢底部固定有磁铁，列车前进时，磁铁移动，使金属车轨切割磁感线，于是在车轨内产生感应电动势和感应电流。这个感应电流阻碍磁铁运动引起的磁通量变化，因此通电的金属导轨可以等效为与实际移动的磁铁有相互排斥作用的磁铁。当实际磁铁移动速度足够快时，它与假想磁铁之间的斥力能够支撑车厢的重量，使车厢悬浮在车轨上，从而减小摩擦，加快车速。

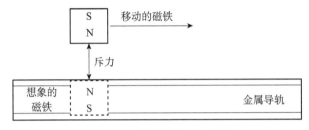

图 3-19　磁悬浮原理示意图

　　电磁感应还被应用于人们的日常生活实践中，如电磁炉。其基本原理是，家用交流电被接通后，经过整流、逆变等过程转化为高频交流电，该交流电通过固定在电磁炉耐热陶瓷板下方的感应线圈，由电磁感应产生高频交变磁场，该磁场穿过陶瓷耐热板，到达锅底，产生涡流，令铁锅或不锈钢的锅底的分子高速旋转并产生碰撞、摩擦而发热，从而得以加热食物。这种加热过程没有明火，比较安全、卫生，但由于产生高频交变磁场，需要控制好电磁射的强度以减少电磁污染。

第四章
传统文化与光学

　　光，让我们居住的地球绚丽多姿；光，让人类的文明得以传承；光，让我们的生活丰富多彩。我们在感叹大自然的鬼斧神工之余，不禁对各种奇妙的光现象产生了疑惑。孩童时的你，也许会思考天空为什么是蓝色的，为什么雨后彩虹是五颜六色的，为什么朝着彩虹的方向奔跑却永远到不了终点……这也是古人的疑问，"天狗食月""七彩祥云"等这些都是古人因无法科学解释月食和彩虹等自然现象而创造的"文化瑰宝"。随着科技的进步，这些疑问逐步被解决。本章我们将追随古人的步伐，看看文人墨客眼中以反射、折射和散射为代表的奇妙光现象有哪些，并探寻其背后的物理学原理。

第一节 传统文化与物体的成像

一、传统文化赏析

一轮明月，高悬于夜空，以迷人的魅力和皎洁的光芒，穿越了千古的时空，令多少才子佳人、文人墨客抒怀畅饮、魂牵梦萦、遥寄情思。例如，南朝沈约在《咏月诗》（图 4-1）中写道：

月华临静夜，夜静灭氛埃。

方晖竟户入，圆影隙中来。

高楼切思妇，西园游上才。

网轩映珠缀，应门照绿苔。

洞房殊未晓，清光信悠哉。

图 4-1 咏月图

诗人从月光切入，通过对月光照射下洞房及其周边景色的描写，营造了一种悠然、宁静的氛围，逐步呈现了才子佳人新婚之夜的美好。诗中前四句诗的意思是说，浩瀚夜空，明月高挂，周围一片寂静，月光从门户而入，光亮成如门一样大的方形光斑；月光从孔隙中透过来，光亮成圆圆的光斑。这实际上反映的是物理学中的小孔成像原理：由于光的直线传播，光通过很小的圆孔而会投射出光源倒立的像，所以圆影是圆月的像。作者对自然现象进行了深入细致的观察，如实地记下了小孔成像的现象。

　　事实上，以"物、孔、屏"三者做成像实验不难发现：小孔成像如物，大孔成像如孔。战国时期的墨家曾经开展了世界上最早的"小孔成像"实验，并对实验现象进行了记录和分析：景到，在午有端，与景长。说在端。这里"景"指物体的投影，"到"同"倒"，倒立之意。"午"，交叉，古者横直交互谓之午。"端"即"点"，此处指小孔。"长"，尺寸的长短，这里指影子的大小，"说"，主要的原因。整句话意思是说，倒影的形成，在于光线交叉处有小孔，而倒影的大小则系于光线的长短。问题的关键之处在于有极小的孔。如图 4-2 所示，《经下》对小孔成像的描述是正确而科学的。此外，《经说下》对此进行了详细的分析和解释：

　　景，光之人，煦若射。下者之入也高，高者之入也下。足蔽下光，故成景于上；首蔽上光，故成景于下。在远近有端与于光，故景库内也。

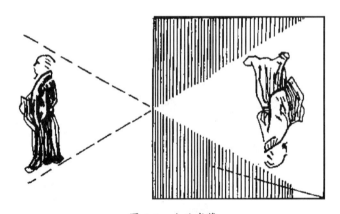

图 4-2　小孔成像

　　此处"人"乃"入"之误，"煦"当为"照"之误。"于光"，指光线的直线传播。"库"，易也，变化之意；景库，指变化为倒影。"内"，里面，指屋内的照壁，相当于现在光学实验中的光屏。整段话的意思是说：因为光线像射箭一样，是直线行进的。光线经过小孔时，上下位置发生交错。从下面射过小孔的光线，成影在上边；从上面穿过小孔的光线，成影在下边。不同方向射来的光束互相交叉而形成倒影。人的足部遮挡了下面的光，成影在上面；而人的头部遮挡了上面的光，成影就在下面。在距离物体或远或近的地方有小孔，且光直线传播而穿过小孔，所以影像变化为与物体颠倒的方向呈现在屋内的照壁上。由此看来，墨家对光的直线传播已经有了较为全面的认识。

关于光源、物体和投影，《墨经》中是这么讲的——先在《经下》中概述："景徙，说在改为。"[1] 在这里，"徙"，迁徙，意为移动；"改"即更换；"为"，引申为变化。整句话的意思是：光源或物体的移动，使其投影也不断地更新。这是原来的投影不断消失、新的投影不断出现的缘故。接着，又在《经说下》中进一步分析："景，光至，景亡；若在，尽古息。"这里，"尽"即完全；"古息"即姑息、休止。整句话的意思是说，由于光线照射物体原来的投影处，原投影就消失了；只要物体不移动，投影也始终在原处不动。在这里，墨家不仅正确地阐明光源、物体、投影三者之间的关系，还科学地指出：当物体相对于光源不移动时，影子并没有移动。人们所看到的影子的移动，只不过是随着物体的移动，原来的影子不断消失、新的影子不断出现的结果。墨家的这些观点，言简意赅，形象生动，包含了运动学中很重要的"瞬时"概念。这种朴素的唯物主义观点在 2000 多年前的中国就已形成，这是非常可贵的。

同样的道理也体现在成语"立竿见影"中，其意思是在阳光下竖起竹竿，可立刻看到影子，比喻收效迅速。这在朱熹的《参同契考异》中有所提及："立竿见影，呼谷传响，岂不灵哉。"这是因为光沿直线传播，照射到不透明物质（竿）上，留下了投影。2000 多年前，古人就利用光的这一性质，发明了皮影戏（图4-3）。皮影戏，又称"影子戏""灯影戏"，它是一种民间戏剧，以兽皮或纸板做成的人物剪影来表演故事。表演时，艺人们在白色幕布后面，一边操

图 4-3　皮影戏

---

① 详情见：谭戒甫．墨经分类译注．北京：中华书局，1981：64.

纵影人，一边用本地声腔讲述故事，同时配以打击乐和弦乐，有浓厚的乡土气息。据说汉武帝刘彻（前156—前87年）的爱妃李夫人染疾故去了，武帝思念心切，神情恍惚，终日不理朝政。大臣李少翁一日出门，路遇孩童手拿布娃娃玩耍，影子倒映于地栩栩如生。李少翁心中一动，用棉帛裁成李夫人影像，涂上色彩，并在手脚处装上木杆。入夜围方帷、张灯烛，恭请皇帝端坐帐中观看。李夫人袅娜的身影在幕帷后面徐徐舞动，汉武帝顿时泪如雨下，感慨道："是邪，非邪？立而望之，偏何姗姗来迟！"这个载入《汉书》的爱情故事，被认为是皮影戏最早的渊源。到宋代，皮影戏已经非常盛行，后来传到了西方国家，引起了轰动。

除了小孔成像，《墨经》中关于光学的记载还有七条，大都与现代物理学的实验结果相符合。以凹面镜成像为例，在《墨经》光学描述的基础上，宋代科学家沈括进行了更加深入和精确的阐述，他在《梦溪笔谈·阳燧照物》中指出：

阳燧照物皆倒，中间有碍故也，算家谓之"格术"。如人摇橹，臬为之碍故也。若鸢飞空中，其影随鸢而移，或中间为窗隙所束，则影与鸢遂相违：鸢东则影西，鸢西则影东。又如窗隙中楼塔之影，中间为窗所束，亦皆倒垂，与阳燧一也。阳燧面洼，以一指迫而照之则正；渐远则无所见；过此遂倒。其无所见处，正如窗隙、檐臬、腰鼓碍之，本末相格，遂成摇橹之势。故举手则影愈下，下手则影愈上，此其可见。阳燧面洼，向日照之，光皆聚向内。离镜一二寸，光聚为一点，大如麻菽，著物则火发，此则腰鼓最细处也。

"阳燧"即凹面镜，"碍"就是凹面镜的焦点。这段话大意为，用凹面镜照物体成倒立的像，是因为中间有焦点，算学家将此称为"变革的方法"。譬如人摇橹，作支撑的小木桩成了橹的支点，使橹两端的运动方向相反；又如老鹰在空中飞行，它的影子随着鹰飞而移动，如果鹰和影子之间的光线为窗孔所约束，那么影子移动与鹰飞的方向就相反了：鹰往东飞，则影子向西移动；鹰往西飞，则影子向东移动。又如楼塔透过窗孔成像的现象，中间的光线为窗孔所约束，其影子是倒立的，这与凹面镜成像情况类似。凹面镜的镜面是凹陷的，当一个手指靠近镜面时，像是正的；当手指渐渐移到焦点时，像就不见了；超过焦点，像就倒过来了。凹面镜的焦点，正如约束光线的窗孔，改变动力方向的架橹木桩。木桩架在架橹的中部，摇橹时在橹的一端向后用力，橹的另一端却向前运动。与之类似，光线被窗孔约束后，人们可见手举起时影子向下，手放下时影子向上。太阳光对着凹面镜照，光都向中间汇聚，在离镜面一二寸的地方，光线聚结为一点，像芝麻粒、豆子那样大，放一个东西在那里就会着火，这就是焦点，类似于腰鼓最细的地方。

这里沈括先是用摇橹的支点比喻凹面镜的焦点，后又用老鹰在空中的飞行透过窗孔成影的现象来比喻凹面镜成像的倒立情况。然后说明手指从镜面外移，先见正立虚像；近焦点时，像无所见；过焦点再向外移，则见倒立实像。他明确区分了凹面镜在焦点内外的成像情形。不仅如此，他还进一步说明焦距大约一二寸，光汇聚于焦点处。这大概是中世纪时期对凹面镜成像最清晰的物理描述。

二、物理学原理

光在同一种介质中沿直线传播，这是光线运行的交通规则，也是一种常识。事实上，对这一点最直接的解释是费马（de Fermat）原理，简单来说，光在任意介质中从一点传播到另一点时，沿光程最短的路径传播，花费时间最短，这就是最短时间原则。光程就是几何距离和介质折射率的乘积，如果是均匀介质，折射率处处相同，那么就沿几何路程最短的路径传播，两点之间线段最短，所花的时间也最少，所以光在均匀介质中从一点传到另一点会以直线传播。

那么，光为什么可以通过一些物质（透明介质），而又不能穿过另外一些物质（不透明介质）呢？为弄清楚这个问题，我们先来看看空气中可见光的波长。在各种波长的电磁波中，能为人类的眼睛所感受到的叫作可见光。在可见光范围内不同波长的光引起不同的颜色感觉。大致说来，波长和颜色的对应关系如图4-4。

760	630	600	570	500	450	430	400
红	橙	黄	绿	青	蓝	紫

图4-4　波长和颜色的对应关系（单位：纳米）

红外线是指比红光的波长还长的电磁波，其波长范围为760纳米～1毫米；紫外线是比紫光波长还短的电磁波，其波长范围为5～400纳米，它们都不能为人眼所感知。在空气中的光速（约$3×10^8$米/秒）保持不变的情况下，光的频率与波长成反比，因而波长越长，频率越低，相应的能量就越低。

当光通过物质传播时，一些物质中的电子做受迫振动，因此光入射到材料上，接收材料响应的方式取决于光的频率和材料中电子的固有频率。可见光以非常高的频率振动（频率超过10^{14}赫兹），超过每秒100万亿次。如果某物体能响应这些快速振动，它必须有非常小的惯性。因为电子的质量是如此微小，所以它们能以这样的速度振动。以玻璃为例，玻璃中电子的固有振动频率与紫外线的频率相同，所以当紫外线照射在玻璃上时会发生与电子的共振。玻璃中的原子吸收的能量以热的形式传递给其他原子，不再辐射出光，因此玻璃对紫外线来说是不透明的。相对而言，可见光具有较低的波动频率，玻璃原子中的电子做受迫振动，没有发生共振，而只是发生很细微的振动。原子保持能量的时间较短，没有多少机会与周围原子发生碰撞，也没有多少能量转化为热能，光能够再发射（而不是产生热），因此玻璃对于可见光来说是透明的。更低频率的红外线能引起整个分子（而不是电子）产生共振，红外线的能量转化为玻璃增加的热量，因此玻璃对于红外线来说也是不透明的。[1]

我们周围的很多物体是不透明的，如墙壁、书桌、书本等，它们吸收光线但没有再反射光。光使它们的原子和分子振动的动能变成内能，因此这些材料在光的照射下有轻微的升温。一些物质不透明但是看起来有光泽，比如金属。金属原子的外层电子不受任何特定的原子所束缚，它们被称作"自由电子"，第三章第三节曾提到，这也是金属导电和导热性能好的原因。当光线照在金属上，这些自由电子产生振动。它们的能量不会在原子之间来回"反弹"，而是发生反射，从而出现光泽。

三、实践与应用

光是直线传播的，根据这一常识我们的祖先制造了圭（guī）表和日晷（guǐ）（图4-5），通过测量日影的长短和方位来确定一天中的不同时刻，甚至由此显示节气和月份，进行天文历法。

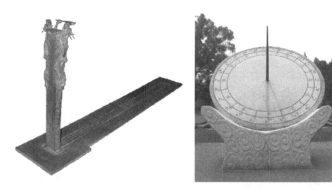

图 4-5　圭表和日晷

① 保罗·休伊特.概念物理（第11版）.舒小林，译.北京：机械工业出版社，2015：405-406.

现代生活中，照相机和摄像机则是利用了小孔成像的原理。照相机和摄像机的镜头是小孔，景物通过小孔进入暗室成像。传统相机的像被感光剂等化学物质留在胶片上，通过显影、定影等步骤后洗出相片。而数码相机、摄像机等则是应用感光元件把像素转换成电信号，再进行编码压缩后存储在存储卡内（图 4-6）。

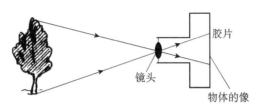

图 4-6　照相机成像原理

耳科医生头上戴的反光镜是凹面镜，它将光线汇聚于一处照射进耳朵，便于观察耳朵内部的情况；道路的转弯处装置的是凸面镜，它将光线发散，使司机在此处有较宽的视野，有利于发现并避让两侧的行人和车辆；游乐场常见的哈哈镜是凹凸不平的镜面，使人像有的部位被放大，有的部位被缩小而形成扭曲的面貌，从而达到娱乐的效果；投影仪的镜头则是个凸透镜，使图片成放大的实像在屏幕上显示。

第二节　传统文化与光的折射

一、传统文化赏析

毛主席创作于 1933 年的《菩萨蛮·大柏地》既描述了科学现象，又渗透了对革命成功的坚定信念和对人生的自信气魄。下面让我们来欣赏这首词：

赤橙黄绿青蓝紫，
谁持彩练当空舞？
雨后复斜阳，
关山阵阵苍。
当年鏖战急，
弹洞前村壁。

装点此关山，

今朝更好看。

词的意思是：天空中有赤、橙、黄、绿、青、蓝、紫七种颜色，是谁又在手持这彩虹临空舞蹈？黄昏雨之后又见夕阳，延绵的群山正渐次变得葱茏。想当年在此激战，昔日的弹洞仍留在村庄的壁头。就让它来点缀面前的江山吧，如今看上去却更加妖艳（图4-7）。

图4-7 "谁持彩练当空舞"

"菩萨蛮"是词牌名，"大柏地"即江西省瑞金市北部30千米处的大柏地乡。1929年2月10日，毛泽东主席和朱德总司令带领红军在此地击溃紧追不舍的国民党反动派军队，取得了自井冈山转战以来的首次重大胜利。1933年夏，毛主席重返大柏地，想起当年金戈铁马，不由感慨万千，抚今追昔，写下了这首词。

本词的第一句描述了夏天傍晚的彩虹有赤、橙、黄、绿、青、蓝、紫七种颜色，这正是色散现象——光的折射现象中的一种。在正常色散条件下，入射角相同时，波长小的光频率高，折射率大，折射角小，因而折射光对入射光的偏离也就越大。太阳光是混合光，其中红光的波长最长，紫光的波长最短，因此紫光的偏离程度最大，红光的偏离程度最小。于是，太阳光经过折射之后原本混合在一起的"白色光"被分离开了，形成了七色的彩虹结构。但是由于光在水滴内被反射，所以观察者看见的光谱是倒过来，红光在最下方，紫光在最上方，其他光介于其中。

事实上，美丽的彩虹现象自古以来就引起了人们的注意。甲骨文中彩虹的"虹"字（图4-8）类似于由双道弧线构成的彩虹，又类似于曲身爬行的虫。

《诗经·鄘风》第七篇《蝃蝀》中写道：

蝃蝀在东，莫之敢指。……

朝隮于西，崇朝其雨。……

"蝃蝀"（dì dōng）就是"虹"的别称。"莫之敢指"，"没人胆敢将它指"，实际上指晴天对着高照的太阳看可能会灼伤人眼。隮（jī），"升起"的意思。"崇"通"终"，"崇朝"即整个早上。这几句意思是说，暮虹出现在东方，次日就会是艳阳高照的晴天；朝虹出现在西方，整个早上都会是蒙蒙雨的天气。

图 4-8　甲骨文"虹"

唐宋时期，人们对虹的认识有了较大的提高。唐代孔颖达在《礼记·月令·季春之月》"虹始见"下注解说："云薄漏日，日照雨滴则虹生。"意即阳光被成片的点点水滴折射而产生彩虹，这已经是比较接近虹产生的科学解释了。宋代理学家朱熹则认为"蝃蝀，本只是薄雨为日色所照成影""虹非能止雨也，而雨气至是已薄，亦是日色散射雨气了"，意思是说：虹往往出现在雨过初晴的时候，并不是虹能止雨，而是这时雨气已经很薄，日光散射雨气产生虹。这种说法很有物理学意味，在当时条件下，能对虹的成因作出这样的解释，是不容易的。那么，彩虹美丽的颜色究竟是如何形成的呢？它是日光在水滴中经过两次折射和一次反射产生色散的结果。可以通过分析单个水滴对阳光的色散来理解它，如图 4-9 所示，当光线从靠近水滴顶部的表面入射水滴，部分被折射进入水滴中。这是第一次折射，光线散开成彩色光谱，紫光偏离较多而红光偏离较少。各种色光到达水滴的对面，部分反射回水滴。反射回水滴的光到达水滴较低的表面，每一种颜色的光部分折射到空气中，形成第二次折射。因此，彩虹是阳光照射到空中接近圆形的小水滴，造成折射及反射而成的。但有时我们会观察到不完整的彩虹现象，比如只有不到七种颜色的彩虹，这是角度的原因或者水滴的形状导致白光没有被完全色散，使部分色光依然被混合在一起。据计算，色散光线与入射太阳光成 40～42° 的区间，才能看到彩虹。此外，通常在主彩虹周围出现霓（ní），霓其实就是在平常的彩虹外边出现的一个同心圆，这是太阳光入射到水滴的下部，经过两次折射和两次反射后形成的色散现象。由于每次反射均会损失一些光能量，并改变光线方向，所以霓的亮度较虹更暗，其颜色排列次序与主虹刚好相反。

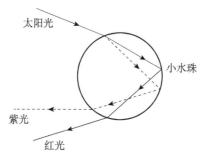

图 4-9　彩虹的成因

　　古人对折射现象的描述除彩虹外还有"海市蜃楼"（图 4-10）现象。蜃：大蛤蜊。古人传说在夏季的海边或沙漠地带，蜃能吐气形成楼台城郭或自然景观。现在，"海市蜃楼"已经是一个成语，比喻虚幻的事物。这个比喻的喻体实际指出了"海市蜃楼"现象的光学本质——人们所见就是真实物体的虚像。西汉史学家司马迁在《史记·天官书》中记载："海旁蜃气象楼台，广野气成宫阙然。"意思是说，海边的蜃气像楼台，广阔的野外云气像宫阙的样子。这是根据观察对海市蜃楼的如实描写，但当时并不了解其成因与机理。而北宋科学家沈括在《梦溪笔谈》中记载：

　　登州海中，时有云气，如宫室、台观、城堞、人物、车马、冠盖，历历可见，谓之"海市"。或曰"蛟蜃之气所为"，疑不然也。欧阳文忠曾出使河朔，过高唐县，驿舍中夜有鬼神自空中过，车马人畜之声一一可辨，其说甚详，此不具纪。问本处父老，云："二十年前尝昼过县，亦历历见人物。"土人亦谓之"海市"，与登州所见大略相类也。

　　意思是说，登州① 海面上时常有云气，形状如宫室、台观、城堞、人物、车马、冠盖，历历清晰可见，人们把这种景象叫作"海市"。有人说："（这是）蛟龙吐气而形成的。"对此我感到怀疑。欧阳修先生出使河朔的途中，曾经路过高唐县并入住该县驿馆，半夜有鬼神从天空中经过，车马人畜的声音清晰可辨。他说得非常详细，这里不再复述，询问当地人，回答说："二十年前曾路过高唐县，（即便在）白天也能清楚地看见人与物。"人们也称这种景象为"海

① 今山东蓬莱以东一带。

市"，和登州所看见大概是同一类①。

这里，沈括描述了与登州和高唐两地的"海市蜃楼"现象，并就其成因进行了思考。这段话中所谓的"鬼神"实质上是人的虚像，沈括所述只是当时人们的一种幻觉。而宋代的大文豪苏轼《登州海市》诗云：

东方云海空复空，

群仙出没空明中。

荡摇浮世生万象，

岂有贝阙藏珠宫。

……

这就明确地表示海市蜃楼都是幻境了。事实上，海市蜃楼是光线在大气中折射形成的虚像，具体而言，海市蜃楼中出现的"物体"是地球上真实的物体所成的虚像，而不是大脑的幻觉，人们看到其所处的位置并非物体所在的真实位置。

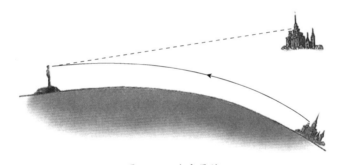

图 4-10　海市蜃楼

那么海市蜃楼到底是怎么产生的呢？这是因为空气本身并不是一种均匀的介质，在一般情况下，它的密度是随高度的增加而递减的，高度越高，密度越小。而光在密度分布不均匀的空气中又有着不同的折射率，当太阳光从高处向低处照射，也就是从密度小的空气层照射到密度大的空气层时，就会发生偏折。事实上，当我们在炎热道路上开车时会看到海市蜃楼现象（图 4-11）。夏天比较炎热，艳阳天在公路上开车，人们发现在远处伸展的路上出现了一汪水，开到近处却发现路面很干燥。这是因为当路面很热的时候，路面附近的空气温度高，其上的空气相对较冷。空气层的折射率不一样，光通过时会发生偏折，光线并不是从天空中沿直线路径照射到我们，它会先向下弯曲，进入路面上的炎热空气区域后再入射至人眼。所以，我们所看到的潮湿地方，实际上就是天空中某处的景象。②

---

① 沈括，著.唐俐，注译.梦溪笔谈.武汉：崇文书局，2007：152-153.

② 保罗·休伊特.概念物理（第 11 版）.舒小林，译.北京：机械工业出版社，2015：435.

来自天空的光线

炎热的路面

图4-11 公路上"海市蜃楼"现象的成因

此外,唐代诗人储光羲在《钓鱼湾》中描述"潭清疑水浅,荷动知鱼散",意思是说一汪潭水,清澈见底,荷叶偶尔轻摇了一下,并非风拂过,乃是鱼作祟。潭的深浅是固定的,从视觉上变浅了是因为光的折射让人产生了错觉,我们看到的并非实像而是虚像。

二、物理学原理

光从一种介质斜射入另一种介质时,光的传播速度发生改变,传播方向也发生改变,从而使光线在不同介质的交界处发生偏折,出现折射现象。光的折射与光的反射一样都是发生在两种介质的交界处,只是反射光线返回原介质中,而折射光线进入另一种介质中。

如图4-12所示,分析光从空气中的 A 点经过玻璃分别到达 B 点和 C 点的两种情况。当光从 A 点通过玻璃到达 B 点,它沿直线路径传播。在这种情况下,光线垂直于玻璃,光以最短的时间和最短的路径通过空气和玻璃。但是光从 A 点到 C 点就不会沿 AC 虚线传播,因为光在玻璃中的传播速度低于在空气中的传播速度,如果按虚线传播会在玻璃中花去更多的时间,这不符合费马原理。当然,相比按虚线 AC 路径传播,按照 $AacC$ 的路径,光线会在空气中传播更长的距离(即 Aa 和 cC 两段的距离)。很明显,光线沿着较短的路径 ac 比按虚

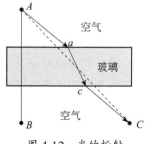

空气

玻璃

空气

图4-12 光的折射

线路径通过玻璃会节省一点时间；以较长路径 Aa 和 cC 比在空气中按虚线传播会多需要一点时间，只不过前者长于后者，也就是说节省的时间多于浪费的时间。因此，整个 $AacC$ 路径是最少时间路径，也是最快路径。其结果是光束平行移动，因为进出玻璃的角度都是一样的。

在透明介质中，光的传播速度低于真空中的光速 c，至于低多少取决于介质的性质和光的频率。光与介质中电子的固有频率相匹配时产生共振，光会被吸收。由于大多数透明材料中电子的固有频率在紫外线频率区域，因此材料不会吸收可见光，其中的高频光在通过介质的过程中与电子的相互作用比低频率的光更频繁，所以高频光的传播速度低于低频光的传播速度。在普通玻璃中，紫光的传播速度比红光大约慢 1%。红光和紫光之间的光波传播速度介于这两者之间。在透明材料中，不同频率的光传播速度不同，它的折射程度就不同。白光经过棱镜的两次折射，光分成不同颜色。白光按频率散开成彩色排列，这就是色散现象（图 4-13）。

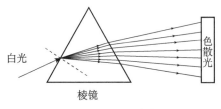

白光

色散光

棱镜

图 4-13　光的色散

另外，光通过一些晶体会出现双折射现象，即一条入射光线产生两条折射光线的现象。将一块透明的方解石晶体放在书上看，它下面的线条都变成双影。方解石的两条折射光线中，一条光遵守普通的折射定律，称作寻常光；另一条光不遵守普通的折射定律，称作非常光。寻常光的传播速度与传播方向无关，是一个常量；非常光的传播速度则是与传播方向有关的变量。光不仅通过天然晶体时可能会出现双折射现象，用人工的方法也可使某些物质出现双折射现象。有些各向同性的透明介质，在外加电场的作用下，会显示出各向异性，从而能产生双折射现象，这种效应称为克尔效应。

三、实践与应用

有关光的折射的一个很常见的例子是一根部分插入水中的筷子，发生了很明显的弯折，浸入水中的部分似乎比实际情况更靠近水面。与此类似，人们看到水中的鱼也是一样，鱼看上去好像更靠近水面，其实所看到的只是鱼的虚像（图 4-14）。因此，有经验的人用鱼叉抓鱼时，总是对准所看到水中鱼的下方。美国密苏里河中的鱼比较多，有时候在岸上可清晰地看见鱼在水中游，作者访美期间用箭来射鱼，每每射出一支箭，其目标总是对准视野中鱼儿的下方，往往就能射中（图 4-15）。

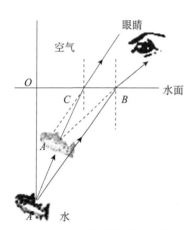

图 4-14　人眼所观察到的水中鱼儿

图 4-15　笔者在美国密苏里河射的鱼

　　折射在一些光学仪器的成像中起着重要作用，如显微镜、望远镜、门镜等。显微镜能够将微小的物体放大成像后为人眼所探知。显微镜的物镜和目镜都是凸透镜，它们平行排列，但两者之间的距离进行了精细的设计，以利于成像。物镜离物体近，目镜则离人眼近。如图 4-16 所示，被观测的物体 AB 发出来的光经过物镜折射后成倒立放大的实像 $A'B'$，$A'B'$ 又作为"物体"经目镜折射后成正立放大的虚像 $A''B''$。显微镜的放大倍数是物镜和目镜放大倍数的乘积。

　　望远镜则可以用来观测遥远的物体，其中折射式望远镜的物镜是凸透镜，目镜是凹透镜。如图 4-17 所示，目镜与物镜平行放置，且两者的焦点 F_1 和 F_2 重合。物体 AB 发出的光经物镜折射后成倒立的虚像 $A'B'$，$A'B'$ 像作为"物体"经目镜折射后成倒立放大的虚像 $A''B''$。所以，相对于实物而言，人眼看到的是正立放大的虚像，其放大倍率是物镜与目镜焦距的比值。

　　门镜（俗称猫眼）是安装在门上的组合光学仪器，它使屋内的人能够看到外面，而外面的人看不到屋里的景象。当从门内向外看时，物镜是由几块凹透镜组合而成，其功能等效于一个焦距极短的凹透镜，而目镜是凸透镜。如图 4-18 所示，室外物体 AB 反射发出的光经过物镜产生折射后得到缩得很小的正

立虚像 $A'B'$，此像正好落在目镜一倍焦距之内，在目镜的放大作用下，得到一个放大的正立虚像 $A''B''$。当从门外往门内看时，如图 4-19 所示，目镜与物镜互换，目镜成了焦距极短的凹透镜 L_1，而物镜则为凸透镜 L_2。室内的物体 AB 通过物镜折射后本应生成倒立的实像 $A'B'$，但在折射光线尚未成像之前被目镜 L_1 阻挡，这些光线入射到目镜后经折射，成正立虚像 $A''B''$。由于目镜 L_1 的焦距极短，$A''B''$ 像离目镜的距离只有 3 厘米左右，室外的观察者对 $A''B''$ 看起来一片模糊。原来，人眼能将 25 厘米处的物体分辨得最为清晰，这就是明视距离，如果这个距离低于 10 厘米，人眼就很难将物体分辨清楚了。而且门镜的孔径很小，屋外的观察者若想看清屋内的情况，又不得不把眼睛贴近目镜 L_1 观看，这样一来，人眼与像 $A''B''$ 的距离就远小于 10 厘米而不能看清楚像了。

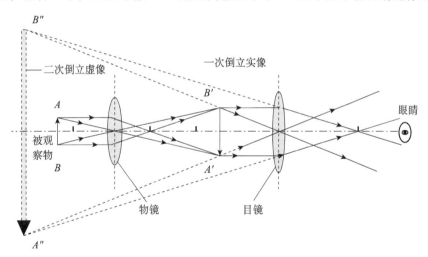

图 4-16　显微镜光路图

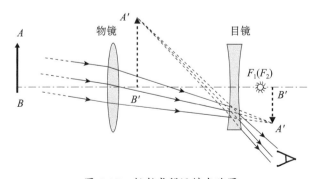

图 4-17　折射式望远镜光路图

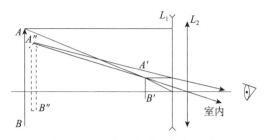

图 4-18　门镜光路图（室内观测）

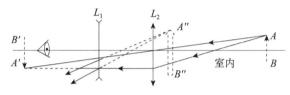

图 4-19　门镜光路图（室外观测）

此外，高速摄像机之所以能够在短的时间内完成对高速运动目标的采样并使之清晰地展现在人们面前，主要在于它们有很高的快门速度，比如万分之一秒。要在如此高的快门速度下进行拍照和摄影，需要有一种光开关，它开启时的弛豫时间低于万分之一秒。根据硝基苯介质的克尔效应制成的"电控光开关"就是这样一种开关，该介质在没有电场作用时，进入其中的光无法透射出去；在强电场的作用下，变为双折射物质，使进入其中的光分解为寻常光和不寻常光。运用阶跃电路来控制光路，其延迟时间极短，大概只有 10^{-9} 秒，完全满足高速摄影快门的速度要求。

第三节　传统文化与光的反射

一、传统文化赏析

贞观十七年（643），直言进谏、辅佐唐太宗开创"贞观之治"的一代名相魏征（580—643）因病去世，唐太宗李世民悲痛不已，流着眼泪说："夫以铜为镜，可以正衣冠；以史为镜，可以知兴替；以人为镜，可以明得失。魏征没，朕亡一镜矣！"意思是，一个人用铜当镜子，可以使衣帽穿戴得端正；用历史当镜子，可以知道国家兴亡的原因；用人当镜子，可以发现自己的对错。魏征去世了，我就少了一面好镜子啊——这是对魏征简朴一生、诤言兴国的最高评价。从中我们也能明晰古人从铜镜中看到自己的虚像，以辅助整理着装，这其实是运用了光的反射原理。铜镜在古代是极为珍贵的物品，历代文儒屡屡将其入诗入画，以抒发情感，如南北朝文学家庾（yǔ）信（513—581）在《咏镜诗》（图4-20）中写道：

> 玉匣聊开镜，轻灰暂拭尘。
> 光如一片水，影照两边人。
> 月生无有桂，花开不逐春。
> 试挂淮南竹，堪能见四邻。

图 4-20　高悬明镜照四邻

意思是，打开玉质镜盒取出镜子，轻轻擦拭其表面尘土。在水的光亮照射下，铜镜的另一端可以看到人的像。（因铜镜产生的光线反射）人们可以看见月亮，但是不见里面的桂树；人们可以看见花朵，却未曾见春天的勃勃生机。倘使支起一根竹竿，将镜挂起，就能足不出户看见墙外的邻居。这首诗字里行间表达了作者对铜镜的喜爱，与此同时也描述了镜面成像现象。本来，"蟾宫折桂"，是说在月宫里可以攀折桂花；"百花竞春"，是说百花在春天竞相开放，现在从镜中看到了月亮，却没有发现桂树；看到了鲜花，却没有感受到春色，原因在于从镜中看到的是虚像，这是符合反射定律的。更为精妙的是，作者还描述了反射定律的应用，如果说人照镜子以正着装是入射光垂直进入镜面的话，那在竿头支起镜子，墙外的光是以一定的角度入射的，光以相同的角度反射到墙内观察者的眼睛中。古人在南北朝时期对镜面反射就认识如此深刻，令人叹为观止。

　　事实上，早在春秋战国时期，古人就对镜面反射做了研究，只不过当时的镜面可能就是水面。《墨经》中指出："临鉴而立，景倒。多而若少，说在寡区。"这里，"临鉴而立"，站在岸边看水面（此处以净水为面），因而看到的虚像是倒立的。的确如此，岸边的树在水中的影子就是倒立的。"寡区"是指无区别，"多而若少，说在寡区"实际上指平面镜成的像只有一个；像的形状、颜色都全同于物体。李白在《梦游天姥吟留别》中写道："我欲因之梦吴越，一夜飞度镜湖月。湖月照我影，送我至剡溪。"诗中"度"通"渡"，"吴越"是指春秋时期的吴国和越国；"镜湖"又名鉴湖，在浙江绍兴南面，这里描述的湖面水平如镜；"剡（shàn）溪"，在浙江嵊（shèng）州南面，是该地的母亲河。这里，李白在梦中时空穿越回到了春秋时期的吴国和越国，他一夜飞渡明月照耀下的镜湖。月光成影、湖面成像，一直伴随他到了剡溪。从文化的角度来看，这是一种唯美的梦境，诗人既欣赏了景色，又邂逅了历史，让人在莫测的变化中体会到意境之雄伟。从物理学的视野来看，月光照射到人身上形成了影子，这是因为人阻挡了光的直线传播；人在湖中的倒影，则是人身上反射出来的光又为湖面所反射，人眼接收后形成虚像。此外，在这首诗的意境中应该还有"湖水映月"的景象，那是因为湖面反射月光传到人眼，人就看到了月亮的虚像。

　　光对不同物质的反射能力，会导致人眼感觉到不同的颜色。唐代诗人崔护（772—846）曾写过一首《题都城南庄》：

去年今日此门中，

人面桃花相映红。

人面不知何处去，

桃花依旧笑春风。

　　关于此诗的写作背景，唐人孟棨（qǐ）在《本事诗·情感》中记载：容貌英俊、文才出众的崔护来京城长安（今西安）参加殿试，其间恰逢清明节，他只身前往都城南门外郊游，遇到一户花木丛生的庄园。崔护走上前去叩门讨碗水喝，与一位姿色艳丽、神态妩媚、风韵婉约的女子不期而遇。喝水时，那女子含情脉脉，靠着桃树静静地伫立在那里；而崔护目注神驰、神摇意夺。两人相互注视许久，未发一言。依依难舍间，崔护起身告辞。一年后，又是一个春光烂漫、百花吐艳的季节，崔护因思念之心日盛重访庄园，还是花木扶疏、桃树掩映的门户，但人面杳然、大门紧锁。春风中依旧凝情含笑的桃花，只能引起对往事的美好回忆和对好景不长的感慨，无限怅惘间，崔护在门上写下了这首诗。

"人面桃花相映红"，让我们看到了诗人记忆中去年今日见到的那位姑娘，脸和桃花相映，光彩照人，美丽非凡。桃花和人脸"相映红"的原因，从人文的角度分析，也许是姑娘因爱慕得不到回应感到羞涩、期待而脸红；也许是因为在诗人的眼中，姑娘的脸在桃花的映衬下显得娇羞可人、令人陶醉。按光的反射原理来解释，这是在"桃花红"的氛围中，人脸反射出的红光为诗人所感知。当光线照射时，物体的反射光进入人眼形成视觉效果，我们就说看到了这个物体。同一种光线照射下，因对色光具有不同的吸收与反射能力，物体反射出来的光颜色不同，眼睛就会看到不同的色彩。白花不含色素，细胞组织会将组成白光的赤、橙、黄、绿、青、蓝、紫七种色光全部反射出来，人们看到的便是白花。有些花的细胞液里含有色素，其主要成分是花青素和类胡萝卜素。不同种类的类胡萝卜素能使花显出黄色、橙黄色、橙红色等，而花青素在不同的酸碱反应中显示出不同的颜色，它在酸性溶液中呈现红色，在碱性溶液中呈现蓝色，在中性溶液中呈现紫色。桃花中含有酸性的花青素，它吸收除红光外的其他色光，而唯独把红光反射出来为人眼所探知，我们看到的便是红花。桃花与人脸"相映红"是因为当太阳光照射到桃花上时，其他色光被吸收，只剩下红光反射出来又照到离桃花不远的人脸上，构成了一幅相映成趣的美景。

二、物理学原理

我们所看到的物体大多数不会自己发光，比如你看到一个人，就是这个人发射了光源（如太阳、被照亮的天空或灯）照在他身上的光而被你感知。当光照到物体的表面上时，它可能以相同的频率再发射出去，或者是被吸收到材料内转换为热能。当光又返回到它传播而来的介质中时，就是反射过程。当光照到白色物体上时，光几乎没有被吸收，电子会再发射所有可见光的频率，物体显白色。而光照射到黑色物体上时，除了有一点反射，物体几乎吸收所有可见光的频率，因此看起来是黑色的。

光反射时，反射光线、入射光线、法线都在同一平面内；反射光线、入射光线分居法线两侧且反射角等于入射角。这可以用费马定理来理解。如图 4-21

所示，*A*、*B* 两点的下面有一面普通平面镜，光线如何在最短的时间从 *A* 点出发撞击到平面镜后再到达 *B* 点？根据几何原理，就是在镜面上找到一点 *C*，使 *AC* 和 *CB* 的距离之和最短。以镜面为对称轴作 *B* 点的对称点 *B″*，连接 *AB″*，它与镜面的交点 *C* 即为所求。由此也可推断，反射角等于入射角。

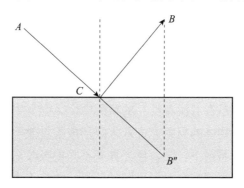

图 4-21　光的反射原理

　　有两种特殊的反射现象——全反射和漫反射。顾名思义，全反射就是全部反射，即入射光在两介质的界面被全部反射回原介质，而不在另一介质中发生折射。1870 年的一天，英国物理学家丁达尔（J. Tyndall，1820—1893）到皇家学会的演讲厅讲光的全反射原理，他在装满水的木桶上钻个孔，然后用灯从桶上边把水照亮，结果人们看到，放光的水从水桶的小孔里流了出来，光线能跟着水流弯曲，弯弯曲曲的水流好似俘获了光线。这其实就是全反射现象。从折射定律的角度来看，如果折射角大于入射角，当入射角达到一定程度时，折射角就会达到 90°，这时在另一个介质中就不会出现折射光线了。而要使折射角大于入射角，光必须由光密介质进入光疏介质。光密介质和光疏介质是相对的，两物质相比，折射率较小的，光在其中传播较快的，就为光疏介质；折射率较大的，光在其中传播较慢的，就为光密介质。例如，水的折射率大于空气，所以相对于空气而言，水就是光密介质；而玻璃的折射率比水大，所以相对于玻璃而言，水就是光疏介质。折射角为 90° 时对应的入射角称为临界角，只有光线从光密介质进入光疏介质且入射角大于或等于临界角时，才会发生全反射。

　　另外一种比较特殊的反射叫漫反射，是投射在粗糙表面上的光向各个方向反射的现象。一个凸凹不平的粗糙表面可视为是由许许多多个很小的平面拼接而成的，这些小平面之间并不平行，因而其法线方向也不一致。当一束平行光入射到粗糙表面时，每个小平面都会出现正常的镜面反射现象，但它们的法线方向不一致，导致各自的入射角也不一样，相应的反射角也不同。因此，尽管光平行入射，但粗糙表面将其朝四面八方反射。

三、实践与应用

有时候我们去水果店买水果时，觉得水果琳琅满目、堆积成山，仔细看原来店里面的四周墙壁上都安装了镜子，顾客看到的一部分水果是它们的虚像，这从感觉上延伸了空间。而且两块相互垂直的平面镜摆在一起，可以看到水果的三个虚像，这就进一步增加了虚像空间。

漫反射原理在生活中有很多运用。教室里的黑板就是其中之一，黑板的表面并不光滑，其上面字迹的反射光向各个方向发射，因而教室里的同学几乎都能看见黑板上的字。电影屏幕也是如此，坐在各个方位的观众都能看到屏幕上的画面。擦过的皮鞋则减少了漫反射而变得锃亮，原因是上过鞋油并用软布擦拭后，皮鞋表面的凸凹尺度比可见光的波长小，或者说凸凹的鞋面被鞋油在可见光波长尺度内抹平，漫反射大为减少，这样一来皮鞋就有了光泽。

全反射原理的运用比较典型的例子就是光纤。1966 年 7 月，被誉为"光纤之父"的华裔科学家高琨发表论文《光频率介质纤维表面波导》，从理论上分析证明了可用光纤作为传输介质以实现光通信，并预言了制造出通信用的超低能耗光纤的可能性，他因此获得了 2009 年诺贝尔物理学奖。随着科技的进步，科学家把廉价的石英玻璃拉成只有人类头发直径十分之一粗细的丝，将其做成光纤的纤芯。纤芯的包层则由折射率比它小的材料（图 4-22）制成。在纤芯中传播的光如果入射到纤芯和包层的边界时，只要入射角超过临界角，经过多次全反射，光就会在光纤芯内从一端传到另一端（图 4-23）。用大量这样的光纤并成一束，光在各条光纤之间不会串通。如果纤维束的两端各条纤维的排列顺序严格对应，则可以利用它来传像。由于进入光纤一端的光传到另一端，在光纤侧面丢失的光很少，而且光纤很细、很柔软并可以弯成任意形状，利用它能探入人体内部（如胃、肠）进行观察，这就是内窥镜。例如，医生把两束很细的光纤通过咽喉送入胃中，可以探查患者内部的溃疡。从一束光纤的体外一端入射的光，经过在光纤中的多次全反射，大部分光最后都会从其另一端射出，从而把胃照亮。然后，一些光从胃内反射并以类似的方式经过第二束光纤返回，在监视屏上转换成图像供医生观看诊断。[①]

图 4-22 光纤

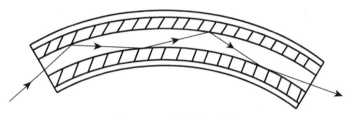

图 4-23 光纤的光路图

第四节 传统文化与光的衍射

一、传统文化赏析

　　说起古代的文学作品，人们自然会想到诗词歌赋。赋与诗、词、歌一样，也是一种重要的文体，它讲究文采、韵律，兼具诗歌和散文性质。晋代文学家陆机（261—303）在《文赋》里曾说："诗缘情而绮靡，赋体物而浏亮。"意思是，诗是用来抒发主观感情的，要写得华丽而细腻；赋是用来描绘客观事物的，要写得爽朗而通畅。三国时期曹植（192—232）的赋继承了两汉以来抒情小赋的传统，又吸收了楚辞的浪漫主义精神，为辞赋的发展开辟了一个新的境界。他在《洛神赋》中对洛河之神（宓妃）（图 4-24）的描写极尽浪漫与真

　　① 宋峰.文科物理——生活中的物理学.北京：科学出版社，2013：144-145.

图 4-24　洛神

挚，使之形象鲜活而富有韵致。

其形也，翩若惊鸿，婉若游龙，荣曜秋菊，华茂春松。髣髴兮若轻云之蔽月，飘飖兮若流风之回雪。远而望之，皎若太阳升朝霞。迫而察之，灼若芙蕖出渌波。秾纤得衷，修短合度。肩若削成，腰如约素。延颈秀项，皓质呈露，芳泽无加，铅华弗御。云髻峨峨，修眉联娟，丹唇外朗，皓齿内鲜。明眸善睐，靥辅承权，瑰姿艳逸，仪静体闲。柔情绰态，媚于语言。……

意思是说：她的形影，翩然若惊飞的鸿雁，婉约若游动的蛟龙。容光焕发如秋日下的菊花，体态丰茂如春风中的青松。她时隐时现像轻云笼月，浮动飘忽似回风旋雪。远而望之，明洁如朝霞中升起的旭日；近而视之，鲜丽如绿波间绽开的新荷。她体态适中，高矮合度，肩窄如削，腰细如束，秀美的颈项露出白皙的皮肤。既不施脂，也不敷粉，发髻高耸入云，长眉弯曲细长，红唇鲜润，牙齿洁白，有一双善于顾盼的闪亮的眼睛，两个面颊下有甜甜的酒窝。她姿态优雅妩媚，举止温文娴静，情态柔美和顺，语词得体可人。[①]

其中对眼睛的描写用到了"明眸善睐"一词，形容女子的眼睛明亮而灵活。与之类似，当代流行歌曲《冬天里的一把火》中的歌词"你的大眼睛，明亮又闪烁，仿佛天上星，是最亮的一颗"，也说明了大眼睛明亮。何谓"明亮"，从物理学来看，就是分辨率高。人眼是一种精密非凡的"光学仪器"，"大

① http://so.gushiwen.org/fanyi_1765.aspx. 2016-11-03.

眼睛"的瞳孔较一般人的大，当光传播到眼睛的时候，通光孔径就大。根据圆孔衍射原理及光学仪器分辨率的判据，大的孔径导致在视网膜上出现的不同物点的衍射图样更清晰可辨，因而识别微小物点的能力就越强。

关于衍射现象，不同历史时期的古人都有所记载。晋代张华在《博物志》[①]中提到：

交州南有虫，长一寸，大小如指，有廉幔，形似白石英，不知其名。视之无定色。在阴地色多细绿，出日光中变易，或青或绿，或丹或黄，或红或赤。女人取以为首饰。宗岱每深以为物无定色，引云霞以为喻，故托此以助成其说。今孔雀毛亦随光色变易，或黄或赤，但不能如此虫耳。

这里"廉"，"棱角"之意；"幔"（màn）应作"屋檐"解；"廉幔"，即很细的棱边。这棱边细到一定程度就会有明显的衍射现象。日光是白光，白光由七色光组成，各色光波长不同，因而在尖锐的边缘产生的衍射图样是有色彩的，观察的角度不一样，衍射角不同，"交州虫"的颜色也会不一样。而孔雀的羽毛间有非常狭小的细缝，白光照射，可能会出现单缝或多缝衍射，从而给人有色彩斑斓之感。当然，当时尚未知有衍射这一概念。据北宋时期编撰的《旧唐书·五行志》载，武则天在位时：

安乐公主使尚方合百鸟织二裙，正视旁视，日中影中，各为一色，百鸟之状，并见裙中。

安乐公主拥有两件被称为旷世珍品的百鸟裙，裙上闪烁着百鸟图案。百鸟裙由负责备办宫中衣物的机构采百鸟羽毛织成。颜色鲜艳无比，令人眼花缭乱，从正面看是一种颜色，从侧面看是另一种颜色；在阳光下是一种颜色，在阴影中又是另一种颜色。这种"百鸟裙"的色彩变化也是一种衍射现象。自从羽毛衍射现象被发现以后，羽毛在古代为人所看重，以至于清朝官吏的顶戴花翎也曾一时以视其衍射色彩的有无和多寡而分等级。清代诗人王士贞（1634—1711）在《分甘馀话》卷二中写道：

本朝侍卫皆于冠上带孔雀翎，以目晕之多寡为品之等级。武臣提督及总兵官亦有赐者，后文臣督抚亦或蒙赐，得之者以为荣。

所谓"目晕多寡"也就是衍射色彩的多少。[②]

当然，衍射现象的应用不是王公贵族的专利，在老百姓的日常生活中也是

---

① 据东晋王嘉《拾遗记》称，《博物志》原400卷，晋武帝令张华删订为10卷。因原书已佚，今本《博物志》由后人搜集整理而成，仅为10卷。本书对"交州虫"的描述，引自于北宋李昉、李穆、徐铉等编撰的《太平御览》，该书收录了《博物志》的部分散佚内容。

② 戴念祖，刘树勇.中国物理学史（古代卷）.南宁：广西教育出版社，2006：278.

司空见惯的。"隔墙有耳"这个成语原本出自《管子·君臣下》："墙有耳，伏寇在侧。墙有耳者，微谋外泄之谓也。"其意思是隔着一道墙，也有人偷听，后来用来比喻即使秘密商量，别人也可能知道。也用于劝人说话小心，免得泄露。其实，这里面也蕴含着衍射的道理，它说的是声波的衍射，即声音绕过围墙为外人所探知。事实上，包括成语在内的古文名句的诞生总是基于人们的生活实践，否则为什么不说"隔墙有眼"呢？如图 4-25，要发生较为明显的衍射现象，也就是波的传播方向转弯，那么入射波的波长不能比障碍物的尺寸小太多。一般围墙的高度为 2～3 米，而空气中频率为 500 赫兹的声波的波长约为0.7 米，所以，它能发生明显的衍射绕过高墙，使墙外的人听到；而光波的波长太短（400～760 纳米），远远小于高墙尺寸，衍射效应几乎可忽略不计，所以人身上从光源反射出来的光不能衍射到墙外，墙外的人就无法看到墙内的人。[①]

由于在墙的顶端波发生了衍射现象，声音就传到了墙的另一边

图 4-25　声波的衍射

"未见其人，先闻其声"也可以说明这种情况。按理说光速远大于声速，同时发出的光和声音应该是光先被人感知，如人们往往先看到闪电，后听到雷声。"未见其人，先闻其声"却与此相反，那是因为此问题的核心在于波的衍射强弱问题，而不是传播快慢问题，也就是说对于同一个宏观的障碍物（其高度以米来计量），声波较光波的波长要长，于是声波的衍射效应更为明显，因声音绕过障碍物的能力比光要强，所以还未看到人就听到了他的声音。

二、物理学原理

除了前面讲到的反射、折射，衍射是使光发生弯曲的另一种方式。衍射

---

① 熊万杰，戴占海，郭子政. 关于古文名句融入物理教学的思考. 物理通报，2012（10）：117-120.

又称为绕射，是指波遇到障碍物时偏离原来直线传播的物理现象。如图 4-26，以单缝衍射为例，若按照光的直线传播，一束单色平行光从单缝直射穿出，应该只会出现与缝等大的亮斑。但是，因为衍射的作用，光线会绕过缝的边缘（此即障碍物），偏离直线传播，在缝后较大的区域出现明暗相间的条纹。衍射条纹中明纹的宽度与缝宽成反比，与入射波长成正比，即波长一定时，单缝宽度越小，衍射角越大，衍射效应越明显；若缝宽一定，入射波长越长，衍射角也越大，衍射效应也越明显。综上所述，衍射现象是否明显取决于障碍物的尺寸与入射波的波长的对比，在障碍物尺寸不小于波长的前提下，波长越大，障碍物越小，衍射就越明显。值得指出的是，若障碍物尺寸远大于波长，衍射效应非常微弱，波的传播方向几乎不变；若障碍物尺寸小于波长，出现散射现象（见本章第五节）。

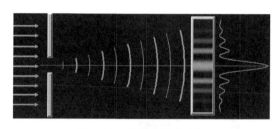

图 4-26　单缝衍射示意图

如果入射光为白光，白光的单缝衍射会形成彩色的条纹，原因是白光是复合光，波长从 400 纳米到 760 纳米不等，所以在发生单缝衍射的时候，不同颜色的光由于其衍射角不同，明暗条纹的位置和间距不同，衍射明纹会分开，从而形成彩色条纹。

光通过圆孔也会产生衍射，光学仪器中所用的光学镜片大多为圆形，总是有一定的通光孔径，因而会产生衍射，所以圆孔衍射对像的质量有直接影响。圆孔衍射的衍射图样，其中央是一个明亮的圆斑，它被称为艾里（Airy）斑，大约有 84% 的光能量集中在艾里斑上。艾里斑外围是一组同心的明环和暗环。每个物点发出的光通过圆孔衍射后，都会出现包括艾里斑的衍射图样，因此对于相距很近的两个物点，其相应的两个艾里斑就会相互重叠甚至无法分辨出两个物点的像，即光学仪器的分辨能力受到了限制。如图 4-27，英国物理学家瑞利给出了一个分辨两相邻物点衍射图样的判据，即两个艾里斑的圆心互相落在对方的圆周上视为恰好可分辨。战国时期的荀子在《劝学》中说"目不能两视而明"，眼睛不能同时看两样东西而看明白，这句话的本意是要告诫人们学习要专心致志，坚定专一。但是从衍射的角度来看，人眼是可以分辨两个距离很近的物点的，只要它们在视网膜上所成的艾里斑满足瑞利判据。

图 4-27　瑞利判据

　　衍射现象的存在使光学显微镜受到影响，那是因为光通过显微镜的时候，会发生衍射，衍射使光波之间相互干扰，两个相邻的微小物体就很难区分开来，于是就会影响识别微小物体的能力，即光学仪器的分辨率（图 4-28）。根据瑞利判据并结合一些数学、几何运算，人们知道光学仪器的分辨率与光的波长成反比，与其孔径成正比。因此，人们常常瞪大眼睛，为的就是看得更加清楚，即提高分辨率。"明眸善睐""大眼睛明亮又闪烁"，说的就是因眼睛瞳孔孔径比较大而分辨率高（图 4-29）。在天文观察上，一般采用直径很大的透镜，可以提高望远镜的分辨率。当然，提高分辨率还有另外一种方法，那就是减小波长。电子显微镜的分辨率要比普通光学显微镜的分辨率大数千倍，前者可以分辨相距 0.1 纳米的物体，比常规光学显微镜的分辨距离 200 纳米小得多。这是因为电子显微镜利用了所有物质都具有波动性的事实，经过电压加速的电子具有的波长比可见光的波长要小三四个数量级，所以电子显微镜分辨率高。

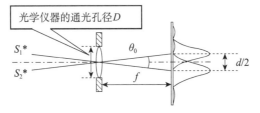

图 4-28　光学仪器的最小分辨角

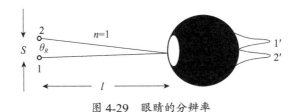

图 4-29　眼睛的分辨率

三、实践与应用

收音机的波段分为调频（Frequency Modulation，FM）和调幅（Amplitude Modulation，AM）广播。调频波段的频率一般是 88～108 兆赫兹[①]，在空气中对应的波长为电磁波的传播速率（也就是光速）除以频率，比如广东音乐台的频率就是 99.3 兆赫兹，其调频无线电波的波长约为 3 米。事实上，调频波段无线电波的波长范围为 2.8～3.4 米，它们的波长小于高楼大厦的高度而导致衍射效应很弱，不能很好地绕过建筑物，所以这类广播辐射范围小，多在几十千米之内，一般是城市、学校的电台之类，但其针对性强。调幅无线电波的波长范围为 180～550 米，因此电波很容易绕过可能阻碍它们的建筑物，所以这类广播辐射范围比较大，主要用来远距离传输节目。

人眼是精密的光学仪器（图 4-30）。当光线进入眼睛，它首先穿过覆盖在眼球上的透明角膜，使大部分光线发生汇聚后达到虹膜。虹膜是眼睛的有色部分，虹膜中间的孔被称为瞳孔。光线穿过瞳孔，发生圆孔衍射后到达晶状体，再通过无色透明的玻璃体后传到视网膜，为人的视觉神经所感知后再传递给大脑。因此，为了有清晰的视觉，光必须直接聚焦到视网膜上。但如果眼球的形状发生变化，就会导致光线不能准确地聚焦到视网膜上。近视的人眼球前后径过长，能够看清楚近距离的物体，但是看远处的物体时，光线会在到达视网膜之前聚焦。为了纠正这种状况，就需要利用凹透镜使光线进入眼睛前适度发散，从而使焦点推后一些，矫正近视。与之相反，远视眼可以看到距离很远的物体，看不清近处的物体，光线会在视网膜后成像，这就需要凸透镜进行矫正。

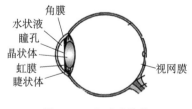

图 4-30　人眼的结构

我国进入太空的第一人杨利伟返回地球后接受采访，说到"从太空看地球景色非常美丽，但是我没有看到我们的长城"。在正常光照条件下，人眼瞳孔

———————————
① 1 兆赫兹 =10^6 赫兹。

的直径约为 3 毫米，而在可见光范围内，人眼最敏感的波长为 550 纳米，根据瑞利判据，人眼的最小分辨角为 2.2×10^{-4} 弧度。杨利伟所乘坐的"神舟五号"太空飞船距离地面最近处是 200 千米，由此可以计算出太空中的宇航员用肉眼只能识别地面上相距 44 米以上的两个物体。长城当然长于 44 米，但最宽处也未必达到了 44 米（如北京八达岭长城宽度仅为 6 米左右），因此杨利伟在太空中无法辨认出哪是长城，哪是道路，甚至会把山脊和山谷看反。也就是说他即使看到了长城，也不能识别出来。

　　理论上讲，天文望远镜的孔径越大其分辨率越高，但是也要考虑到建设和发射成本。1990 年发射的哈勃（Hubble）太空望远镜（图 4-31）的镜片口径原设计为 3 米，后因成本问题，而且为了使望远镜的硬件配置更为紧密，镜片口径缩减为 2.4 米。该太空望远镜经多次维护，现在仍在运行，可观察 130 亿光年 [①] 远的太空深处，已经发现了 500 亿个星系。我国于 2016 年 9 月 25 日建成了世界上最大的单体射电望远镜——FAST，其直径有 500 米，面积相当于 30 个足球场，可以观测到 176 亿光年外的宇宙空间。

图 4-31　哈勃太空望远镜

---

　　① 　光年是长度单位，1 光年是指光在真空中经历一年所走的距离，大约为 9.46 万亿千米。

第五节 传统文化与光的散射

一、传统文化赏析

唐代诗人白居易的《忆江南·江南好》一诗中极赞朝阳之美（图4-32）：

　　　　江南好，

　　　　风景旧曾谙。

　　　　日出江花红胜火，

　　　　春来江水绿如蓝。

　　　　能不忆江南？

"上有天堂，下有苏杭"，白居易曾经担任杭州刺史两年，后来又担任苏州刺史，任期也一年有余。青年时期他曾漫游江南、旅居苏杭，江南在他的心目中留有深刻印象。当因病卸任苏州刺史回到洛阳12年后，白居易在67岁时写下了这首《忆江南》。令人叫绝的是，他没有从描写江南惯用的"花""莺"着

图 4-32　江南好

手，而是别出心裁地以"江"为中心下笔，通过"红胜火"和"绿如蓝"的异色相衬，让江南的江水获得了色彩感，从而层次丰富而又灵动地展现了江南之美，诗的第三、第四句因此也成了千古绝唱。这里，"日出江花红胜火"说的是当日出之时，江边的花被照得像火焰一样。日出时的朝霞一般是红色的，这是因为当清晨的阳光斜射入厚厚的大气层之时，空气中飘浮的微粒和水滴会将波长较短光侧向散射出去，而波长较长的红光散射较小，几乎直线出射大气层而被人眼观察到，这也就是为什么初升的太阳总是红色的。当红色光照射在江边的花上时发生漫反射，造成了"日出江花红胜火"的奇妙视觉体验。而"春来江水绿如蓝"是因为当阳光照射在无色透明江水中时，江面上大量的水分子散射阳光中波长较短的绿色光和蓝色光，最终这两种色光进入观测者眼中，所以无色透明的江水被岸上的人看起来出现了"绿如蓝"的绚丽效果。此外，还要考虑蔚蓝的天空在江面的倒影产生的视觉效果。这里的"如"是连词，相当于现代汉语中的"和""同"。儒家十三经之一的《仪礼·乡饮酒礼》中有一句："公如大夫入，主人降，宾介降，众宾皆降，复初位。"此句中的"如"即是此意。

还有一首诗也描绘了空气的散射现象，那就是李白的《望庐山瀑布》：

> 日照香炉生紫烟，
> 遥看瀑布挂前川。
> 飞流直下三千尺，
> 疑是银河落九天。

全诗对庐山瀑布的美丽景色做了深入刻画，第一句中的"香炉"指香炉峰；"紫烟"指日光透过云雾，远望如紫色的烟云。"日照香炉生紫烟"所述的是：一座顶天立地的香炉，冉冉升起了团团白烟，缥缈于青山蓝天之间，在红日的照射下化成一片紫色的云霞。此句把香炉峰渲染得美轮美奂，而且富有浪漫主义色彩，为瀑布创造了雄奇的背景（图 4-33）。

但是，从物理学的角度分析，首先，这里的"烟"应该为"雾"。因为经过一晚上的积累，香炉峰上云雾缭绕，湿度很大。日照香炉，让香炉峰上产生大量的水蒸气，水蒸气升空过程中，遇到较冷的空气，凝结成小水滴飘浮在空气中，形成"雾"。"烟"是指固体小颗粒，因此从科学意义上讲，此诗描绘的"烟"实则是"雾"。李白是浪漫主义写作手法的代表，他可能考虑到诗词意境及前后押韵等问题，将"雾"写成了"烟"。其次，早上香炉峰的"雾"应该

图 4-33　望庐山瀑布

是白色，而不是紫色。当光线通过不均匀介质向各个方向再发射时，我们说光
被散射。在太阳光的可见光频率中，紫光被大气中的氮气和氧气散射最多，被
散射的红光的强度只有紫光的十分之一。虽然紫光比蓝光被散射得多，但我们
的眼睛对紫光不是很敏感，因此被散射的蓝光是人们视野中主要的散射光，于
是人们看到的是蓝色的天空。天空中的尘埃和其他类似的粒子越少，这种散射
效应就越明显，人们看到的天空就越蓝。但是，早上的香炉峰水蒸气含量比较
大，周围的空气处于高湿度状态，水蒸气分子的数量大于氧分子、氮分子，此
时较低频率的光（如红、橙、黄等）也被强烈散射，也就是说各种颜色的光
都被散射，形成复合光，天空看起来发白。那么诗中所言的"紫"，究竟是怎
么回事？这也许是李白对客观事物的主观认识——庐山香炉峰上的云雾是白色

的，不过在诗人的眼里它就是紫色的，因为在古代文学中"紫烟"一词早就成为一个固定的词语，可以用来指代祥瑞的事物，是富有想象力的诗人对神秘莫测的高空、白云飘飘的深山等地方的代称。例如，"紫气东来"一词中的"紫气"就是祥瑞的代称。事实上，"紫烟"并非李白独创。晋代大诗人谢灵运在《拟行路难十八首·其二》诗中云："外发龙鳞之丹彩，内含麝（shè）芬之紫烟。"隋代诗人江总《箫史曲》中也写道："相期红粉色，飞向紫烟中。"唐代诗人卢照邻的《长安古意》中："借问吹箫向紫烟，曾经学舞度芳年。"初唐四杰之一的王勃《三月曲水宴得烟字》："列室窥丹洞，分楼瞰紫烟。"李白也常在作品中运用"紫烟"一词，如《古风·金华牧羊儿》写道："金华牧羊儿，乃是紫烟客。我愿从之游，未去发已白。"作为一代诗仙，在李白的眼里，那些深山之中缭绕的云雾统统被他想象成祥瑞的征兆，而这些有云雾缭绕的山林则一定是仙人的居所。[①]

二、物理学原理

有时候我们从侧面能够清晰地看到穿过窗户射入室内的光束轨迹，那是因为太阳光被空气中的浮尘散射后改变方向传播到人眼。如果透明介质是均匀的，或者从分子理论的角度来讲，分子密度是均匀的，光线在介质中沿直线传播；如果介质中存在着其他物质的微粒（如有悬浮微粒的浑浊液体），或是介质本身的密度不均匀（即密度涨落），部分光束将偏离原来方向而分散传播，光线球状散开，因而从侧向也可以看到光，这就是光的散射。当然，如果不均匀介质中杂质颗粒的尺度可以和入射光的波长相比拟（或者说大小差不多），此时散射也可看作是衍射；如果杂质颗粒的尺度远大于波长，散射又可以看成是在这些颗粒上的反射和折射。

按照杂质颗粒的性质，散射可分为两类：一类为悬浮颗粒的散射，也叫廷德尔散射，这种情况下杂质颗粒尺度和光的波长差不多，胶体、乳浊液、含有烟、雾、灰尘的大气中的散射属于此类。此时，散射光的波长和入射光的波长相同，散射光的强度和入射光波长的关系不明显。大雾天时，空气中含有液态水或冰晶，此时光的散射与波长关系不大，因而雾看起来呈乳白色或青白色。有经验的司机在大雾的天气一定不会开远光灯，因为那样散射回来的光会使司

① 赵黎英."紫烟"，紫烟乎.黑龙江教育·小学文选，2008（6）：13-14.

机眼前白茫茫一片，看不清远方的景物。

另一类为分子散射。这是由介质中分子密度涨落引起的，因此任何微小的光学不均匀性都会引起分子散射。瑞利提出，这类散射其散射光的波长仍和入射光相同，但散射光强度与入射光波长的四次方（即 λ^4）成反比。所以短波光的散射比长波光要强得多，如太阳光中蓝色光被微小尘埃的散射要比红色光强十倍以上。后来米氏通过详细计算发现：若散射微粒的尺度小于光的波长，瑞利的 λ^4 反比率是正确的；当微粒尺度等于或大于光的波长，散射强度与波长的依赖关系就不明显了，后一种情况被称为米氏散射。如云雾的粒子大小与红外线的波长接近，所以云雾对红外线的辐射主要是米氏散射。

如果在散射过程中，入射光与介质的分子相互作用而引起频率改变，这种散射就称为拉曼散射。

三、实践与应用

由于光在大气中会发生散射，所以每当大雨初霁、玉宇澄清万里埃的时候，天空总是蓝得格外美丽可爱。大气的散射一部分来自悬浮的尘埃，大部分是密度涨落引起的分子散射。尘埃的尺度往往比可见光的波长小得多，瑞利 λ^4 反比率的作用更加明显。白光中的短波成分（蓝紫光）遭到的散射比长波成分（红黄色）强烈得多。例如，某种红光波长（720纳米）为紫光波长（400纳米）的 1.8 倍，则紫光散射光强度约为红光的 10 倍。所以太阳的散射光主要聚集在短波区，又因为在 λ^4 反比率的作用下，人的眼睛对蓝光的生理感觉处于峰值，所以晴朗的天空对人眼来说呈蔚蓝色。

地球在不停地自转，一天中的不同时刻阳光射入地球的倾角是不一样的。清晨日出或傍晚日落时，看到的太阳呈红色，而正午的太阳基本上呈白色，这取决于阳光以多大的倾角入射到地球。正午时，阳光几乎是直射入地球，穿过大气层的厚度最小，被散射掉的短波成分不太多，因此呈白色或略带黄橙色。早晚阳光以很大的倾角斜射至地球，穿过大气层的厚度要比正午时厚得多，波长较短的蓝光、紫光等几乎都发生侧向散射，甚至黄光、绿光也都被大气散射，仅剩下波长较长的红光到达观察者，而且接近地面的空气中有尘埃，更增强了散射作用，所以朝阳和落日呈红色。同样的道理，早晚的云块为阳光所照射亦呈红色，这便是我们看到的美丽绚烂的朝霞和晚霞。

　　白云是由大气中的水滴组成的，因为这些水滴的半径与可见光的波长相比已不算太小了，瑞利散射定律不再适用。这样大小的物体产生的散射与波长的关系不大，这种情况属于米氏散射，这就是云雾呈白色的缘故。

　　上述现象是在地面上观测得到的结果，如果在太空中，情况如何？实际上，地球上的人之所以看见白昼天空是亮的，完全是由于大气的散射，将阳光从各个方向射向观察者，我们才看到了光亮的天穹。太空中没有大气层，即使在白昼，天空也将是一片漆黑。一名宇航员曾这样描述大气层以外的天空："太阳在高空悬挂着，像一个金色的大圆盘，而天空却像一面黑色天鹅绒的幕布，一颗颗星星就像镶在黑幕布上的宝石，闪闪发光。"

　　人们生活中需要尽量避免散射，例如交通信号灯发光颜色的选择，最好选用波长较长的可见光，这样可以减少空气中氧气、氮气分子以及尘埃等小颗粒对其的散射，让人们能清晰地识别交通信号以保证安全。在可见光中，红光的波长最长，空气对它的散射作用是最弱的，所以它要比其他颜色的光传播得远，穿透能力最强。另外，人的视觉对红色很敏感，它能使人产生一种灼热感和兴奋感。这两方面的原因使红光成为交通信号灯停止信号的首选单色光。黄色光的波长较长，穿透空气的能力较强，所以作为警告的信号；采用绿色作为通行信号，是因为红色和绿色区别最大，易于分辨，其显示距离也较远，人眼对其也比较敏感。

第五章
传统文化与近代物理学

　　我国古代科技尽管在很长一段时间内领先世界，但我们的祖先对自然界和自然现象的记录、分析和解释并没有在中华大地进一步催生出物理学。原因在于古人对一些现象的观察和描述没有上升到定量分析的高度，数学作为一种基本工具没有和现象分析很好地结合起来。然而，中华传统文化中的一些直观的、朴素的思辨论述在今天看来，仍闪烁着思想的光芒，有些甚至与现代物理学的核心思想不谋而合，如"万物负阴而抱阳"的道家思想与量子力学中的互补原理有着相同的哲学基础；佛家"意识传递"的思想观念似乎与量子"意识"有着某种默契；《易经》中的"元气说"则是近代物理学场论的始源；北宋至和与嘉祐年间对蟹状星云的观测资料，又似乎佐证了狭义相对论中的光速不变原理……

　　那就让我们从传统文化的视角来分析、理解近代物理学知识，你会发现别有洞天……

第一节　传统文化与物质结构

一、传统文化赏析

我国早在战国时期就出现了主张物质不可无限分割的学派，最著名的是战国时期的墨家。《墨经》中曾记载："端，体之无序最前者也。"意思是说，"端"是组成物体（"体"）的不可分割（"无序"）的最原始（"最前者"）的东西。"端"就是原子的概念。"端"为什么不可分割呢？因为端是无同也。意思是说，一个"端"里，没有共同的东西，所以不可分割。战国中期，名家主要代表人物惠施（前390—前317）说："至大无外，谓之大一；至小无内，谓之小一。""大一"是说整个空间大到无所不包，不再有外部；"小一"是说物质最小的单位小到不可再分割，不再有内部，它就是最原始的微粒。《中庸》中曾比较明确地指出："语小，天下莫能破焉。"南宋著名理学家朱熹对此解释说："天下莫能破是无内，谓如物有至小而可破作两者，是中着得一物在；若无内则是至小，更不容破了。"这里所说的"莫能破""无内"，也就是不可分割的意思。这是古典原子说的雏形，也是我国科学史上的光辉遗产。近代著名的翻译家、教育家严复翻译的《穆勒名学》一书中，首次把 atom 一词介绍到我国，当时他把 atom 译为莫能破，把 atom theory 译为莫破质点论。

另一派的观点认为物质构成是连续的，而且是可以无限分割的，以战国时期的著名辩者公孙龙（约前320—前250）为代表，他说："一尺之锤，日取其半，万世不竭。"意思是说，一条一尺长的木杖，今天截取一半，明天截取一半的一半，依此截取下去，永远截不完。这等于说木杖可以无限地分割，也就是说物质的组成是连续的，这与上面惠施的"小一"理论形成尖锐对立。公孙龙臆测到物质的无限可分，应该说是符合辩证法的。现代物理学正不断发现着越来越多的所谓"基本粒子"，揭示出物质的无限可分性，从这个意义上看，2000年前公孙龙的臆想实在令人吃惊！难怪1976年的诺贝尔物理学奖得主、华裔科学家丁肇中认为："中国古代物质基本结构思想史中，存在连续观念这一大主流。"这里所谓的连续形态物质在近现代科学中就表现为"场"。

《易经》(图 5-1)中认为"气"是构成万物的本原。之所以加双引号，是因为它指的不是平常我们所说的气体。寰宇茫茫，生物吐纳，有一种有形无形而存在的东西，中国古代哲学称之为"气"。在中国传统文化、传统哲学中，宇宙又称天地、天下、太虚、寰宇、乾坤和宇空等。"气"通常是指一种极细微的物质，是构成世界万物的本原。它虚无缥缈又无处不在，不可探知。《黄帝内经》中的《素问·至真要大论》写道："本乎天者，天之气也。本乎地者，地之气也。天地合气，六节分而万物化生矣。"天宇是由天之"气"组成的；大地是由地之"气"组成的。天地阴阳之气上升下降，彼此交感聚合而形成天地间的万事万物。气和物是统一的，《素问·气交变大论》中曰"善言气者，必彰于物"，意思是说，气无形而有迹，人能感觉得到，却很难描述，所以一定是在物体变化的形迹中得以彰明。《素问·阴阳应象大论》中写道："清阳为天，浊阴为地，地气上为云，天气下为雨，雨出地气，云出天气。"意思是说"天气"是自然界的清阳之气，"地气"是自然界的浊阴之气。阴气浊重，降而凝聚成为有形的物体，构成了五彩缤纷的大地；阳气清轻，升而化散为无形的太虚，形成了苍茫的天宇。[①]

图 5-1　太极八卦图

东汉王充在《论衡·自然篇》里说道："天地合气，万物自生，犹夫妻合

---

① http://www.zysj.com.cn/lilunshuji/jichulilun/44-2-1.html.2015-08-13.

气，子自生矣。"也就是说，天下万物不是天故意生出来的，而是天与地在不断地运动中"下气蒸上，上气降下"，二者结合，"万物自生"。此外，北宋思想家、理学家张载（1020—1077）认为"太虚不能无气，气不能不聚而为万物"。他认为宇宙不能没有"气"，"气"不聚在一起就不能形成万物。

"气"作为《易经》众多衍生概念中的一种，贯穿中国古代哲学，成为一种普遍而强有力的特色文化元素。现代科学中的电场、磁场、引力场，以及电子、质子、中子等概念，都与元气学有相似之处。人们还认为，要理解现代场论的深奥知识，中国古代的元气学说可以给我们许多启发。在美国和欧洲，现在仍有一些科学家在研究包括元气学说在内的中国古代思想，以增进对物质结构的理解。难怪中国科学院院士何祚庥说："如果说现代科学中的原子论可以追溯到古希腊的原子论，那么，中国古代哲学中的元气说则是现代物理学场论的滥觞[①]。"

爱因斯坦晚年致力于统一场论的研究，统一场论的最终目标是以场的一元论达到物理学的统一。统一场，作为一切已知场的共同起源和共同基础，连续地充满整个空间。各种已知场不过是它的不同表现形态，而物质可以"看作是空间中场特别强的一些区域"，即统一场的能量凝聚区。统一场论还认为物质之间的相互作用是由场（或场的量子）来传递能量的。这就明确了统一场与实物粒子的关系。细察之，统一场论的概念与中国元气学有一定的相似之处。但相似之余也有不同，我们可以这么理解：元气学在思想上与统一场论是一致的，但是统一场论比元气学更加实际化、科学化、现代化。

另外，中国道教中有一个概念，叫"先天一气"，它与现代物理中的希格斯粒子的概念比较接近。先天一气，又称先天真一之气、先天真气、太乙含真气、两仪粒子，是道教内丹学的专有名词。其意为在天地生成之前的一气，是天地万物的本根母体。我们都知道盘古开天地的故事，道教认为，盘古的灵为木灵，木灵里有一部分分出甲乙灵来。甲木为阳，乙木为阴，阴阳旋转并运动就会放电而产生光和火，这样宇宙中就有了光明。而甲乙灵的旋转运动推动了"气"以太极图的方式运转，从而有了"气"的自转。那么甲乙灵推动"气"以太极图的轨迹旋转，则形成了物质世界最基本的粒子，道教称之为"两仪粒子"或"先天一气"。由于万物生于"气"，所以很多微观粒子都具有自转的性质，这个理论与现代物理学中的粒子自旋性质惊人的一致。现在看来，这个

---

① 滥觞（làn shāng），始源之意。

"先天一气"，基本上与"希格斯粒子"（图 5-2）的概念是吻合的。

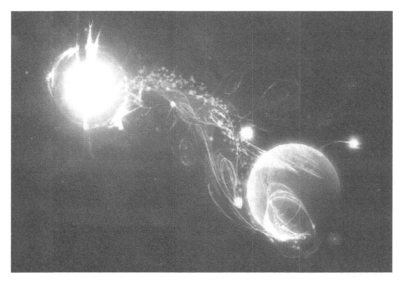

图 5-2　希格斯粒子

二、物理学原理

原子的本意是"不可再分的粒子"。在最初的研究中，人们也确实认为物质的最小组成是原子。然而，随着研究的不断深入，人们发现原子是由比其更小的物质组成的。原子是由原子核和核外电子组成的，原子核又是由质子和中子（统称核子）组成的，而核子是由夸克组成的。夸克具有分数电荷，是电子电量的 2/3 或 −1/3 倍。夸克有六种"味"，分别是上夸克、下夸克、奇异夸克、桀夸克、底夸克和顶夸克。其中，上夸克、桀夸克和顶夸克具有 2/3 的电子电量，下夸克、奇异夸克和底夸克则具有 −1/3 的电子电量。

原子的尺度在 10^{-10} 米左右，也就是 0.1 纳米，其中占据原子 99.5% 质量的原子核占据的空间极小，在 10^{-14} 米数量级。可见原子核的密度极大，约是铁密度的 1.27×10^{13} 倍。1 厘米^3 的空间如装满原子核，其质量将达到 10^8 吨。根据爱因斯坦的质能公式 $E=mc^2$，可知原子核的能量极大，这也是原子弹和核电站的基础性原理。组成原子核的质子和中子的尺度比原子核小，约为 10^{-15} 量级。夸克的空间尺度不到原子尺度的十亿分之一。

迄今为止，多数科学家公认在宇宙中存在着四种力。第一种是引力，它是一个物体（或粒子）对于另一个物体（或粒子）的吸引力，是四种力中最弱的一种。第二种是电磁力，由于它的作用，形成了不同的原子结构和光的传播。第三种是强相互作用力，它把原子核内部各个粒子紧紧地吸引在一起。第四种是弱相互作用力，它使物体产生某种辐射。

三、实践与应用

原子很小，人的肉眼是不能直接看到的，只好借助显微镜了。但是最好的光学显微镜都无法看到原子，原因在于可见光的波长是 400～760 纳米，而原子的尺寸大约是 0.1 纳米，按波长最短的紫光来计算，也只有其 1/4000。光是一种电磁波，所谓波长，实际上是两个相邻波峰之间的距离，这就相当于在 4 米长的尺子上去寻找一个 1 毫米的点，困难程度可想而知。经 100 伏电场加速后的电子其波长约为 0.12 纳米，而且可以用具有轴对称性的磁场来约束电子束，这种磁场对电子的作用与透镜对光的作用效果相同。科学家在这个理论基础上于 1970 年设计制作成功了电子显微镜。运用这种显微镜也难以直接看到单个原子，只能形成携带所测样品材料物理和化学性质的一些信号，原因在于电子束扫过单个原子时，由于库仑力的作用，其运动方向将改变，并损失部分能量。通过计算机成像分析，才可以得到样品的原子链图像、微观结构等。

更为精密的仪器——扫描隧道显微镜出现于 1982 年，它使用形如笔尖、只有几个原子宽的微小探针对样品表面进行扫描。具体操作时先在探针和样品表面之间加上电压，然后将两者逐步靠近，当距离接近至只有数十埃时，探针与样品表面之间出现隧道效应而产生隧穿电流①。在样品表面的微小起伏，哪怕其线度只有原子大小，也将会使隧穿电流发生成千上万倍的变化。由此得到携带原子结构的信息，将其输入电子计算机处理后，可得到物体的三维图像。通过这一技术，人们获得了漂亮清晰的原子图像，从而第一次看到了原子！此后，人类开始有目的、有规律地移动和排布单个原子。1993 年，美国国际商业机器公司（IBM）的科学家在低温条件下，用扫描隧道显微镜的针尖移动铁原子成功拼出两个汉字"原子"，如图 5-3 所示。

---

① 电子具有波粒二象性，它的粒子性导致其被禁锢在势垒里面，无法穿过这一势垒，而其波动性可以穿过，此即隧道效应。当势垒的厚度与电子波长差不多时，电子隧穿量子势垒形成隧穿电流。

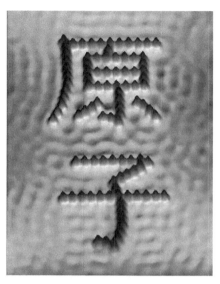

图 5-3 用铁原子拼出的汉字"原子"

究竟哪一种粒子是物质的质量之源？英国物理学家希格斯认为希格斯玻色子①是物质的质量之源，其他粒子在它构成的场中，受其作用而产生惯性，最终才有了质量。希格斯玻色子的质量大约是电子的 1260 亿倍或是质子的 0.686 亿倍。科学家按照目前最好的物理学模型推断，宇宙在大爆炸膨胀之后很快就会坍缩，膨胀持续不超过 1 秒。而宇宙没有坍缩，部分原因是在膨胀过程中产生了希格斯玻色子。因为提出希格斯粒子的预言及相应的物理学机制，希格斯获得了 2013 年度诺贝尔物理学奖。

第二节 传统文化与光速不变原理

一、传统文化赏析

中国古代的客星纪事由来已久，出土的商代甲骨卜辞中（图 5-4）就记载

① 玻色子是一种自旋为整数的粒子。希格斯玻色子又称为上帝粒子（God Particle）。1988 年，莱德曼写了本关于希格斯粒子的科普书，考虑到希格斯玻色子难以找到，书名就叫"该死的粒子"（Goddamn Particle），但出版商认为不妥，遂将书名改成了"上帝粒子"。2013 年，欧洲核子组织宣布，运用大型强子对撞机于 2012 年探测到的新玻色子就是希格斯粒子。

了大约公元前14世纪出现于天蝎座 α 星（我国称作心宿二）附近的一颗新星：
"七日己巳夕……新大星并火。"大意为：七日（己巳）晚上有一颗新的大星出
现，位于心宿二附近。甲骨文的这份记载，可能是世界上最早的新星或超新星
记录。

图 5-4　记载心宿二星的甲骨文

而在宋朝，则详细记录了一颗超新星爆发的过程。相关记载按所描述内容
的先后整理如下：

至和元年五月己丑，出天关东南，可数寸，岁余稍没。(《宋史·天文志》)

至和元年五月己丑，客星出天关之东南可数寸，嘉祐元年三月乃没。(《续
资治通鉴长编》

至和元年七月二十二日，守将作监致仕杨惟德言："伏睹客星出现，其星
上微有光彩，黄色。"(《宋会要》)

至和二年正月二十一日侍御史赵抃上言曰："臣伏见自去年五月已来，妖

星遂见，仅及周年，至今光耀未退。"（《宋会要辑稿》）

嘉祐元年三月，司天监言：至和元年五月，晨出东方，守天关，昼见如太白，芒角四出，色赤白，凡见二十三日。（《宋会要》）

嘉祐元年三月辛未，司天监言："自至和元年五月客星晨出东方，守天关，至是没。"（《宋史·仁宗本纪》）

上述文献记载涉及的杨惟德是宋代宫廷天文学家，先为司天监，后为将作监。赵抃（biàn）（1008—1084）为侍御史。宋代特设"会要所"收集当时的诏书和奏章的原文，分类编排，史料价值很高，《宋会要》就是由宋朝史官修撰的。《宋史》是二十四史之一，收录于《四库全书》史部正史类，于元末至正三年（1343）由丞相脱脱和阿鲁图先后主持修撰。《续资治通鉴长编》是南宋著名历史学家李焘（1115—1184）仿司马光著《资治通鉴》体例，从宋太祖赵匡胤至宋钦宗赵桓，记载北宋九朝168年所发生事件的断代编年史，史料价值较高。《宋会要辑稿》是清嘉庆年间由徐松（1781—1848）从《永乐大典》中辑出的宋代官修《会要》之文。

至和（1054—1056）是北宋第四位皇帝宋仁宗赵祯的一个年号，前后共计3年。嘉祐（1056—1063）是宋仁宗的第九个也是最后一个年号，北宋使用这个年号一共八年。己丑日和辛未日源于中国古代的干支历法，按照现在的公历纪元，至和元年五月己丑即1054年7月4日；至和二年正月二十一日即1055年2月20日；嘉祐元年三月辛未即1056年4月17日。

综合上述记录和分析，公元1054年7月4日清晨，在金牛座一颗亮星（中国古星名"天关"）附近，出现一颗突然增亮的星（客星），开始23天白天也能看见它亮如金星（中国古星名"太白"），光芒四射。其后32天（杨惟德报告时），其亮度大约与岁星相仿，颜色微黄；又经过176天（赵抃上言时），"光耀未退"，虽不明亮，但仍有光亮；又过了423天，消失不见。客星最终消失的日期是1056年4月17日，距发现之日已有654天，约22个月。[①]

大约700年后的1731年，英国天文爱好者贝维斯在金牛座发现了一个模糊的云雾状天体。1771年，法国天文学家梅西叶在制作著名的"星云星团（M）表"时，把第一号的位置留给了蟹状星云（图5-5），编号为M1。1848年，英国业余天文学家帕森思仔细观察了这一天体，发现它具有纤维状结构，酷似蟹钳，因此将它叫作蟹状星云。1921年，美国科学家把两批相隔12年的

① 白欣，王洛印.杨惟德及其科学成就述评.自然科学史研究，2013，32（2）：203-213.

蟹状星云照片进行了仔细比较之后，确认星云的椭圆形外壳仍在高速膨胀，速度达到每秒 1300 千米。1929 年，美国天文学家哈勃根据蟹状星云的膨胀速度推算出它大约是在 900 年前从一个点上膨胀开来的，并提出它就是 1054 年中国人发现的"客星"。1942 年，荷兰天文学家奥尔特以令人信服的论证，确认蟹状星云就是 1054 年超新星爆发后形成的。现在，国际上公认蟹状星云是我国宋代历史书籍中所记载的"天关客星"的遗迹，当前几乎所有关于蟹状星云的著作都要提到中国宋代的记载。而蟹状星云及其中的脉冲星在近代天体物理的研究中占有非常特殊的地位，因为它是一个强射电源，在射电天文、非热辐射、宇宙射线起源、宇宙电动力学、高密物质物理学，以及引力理论等的研究中，扮演着相当重要的角色。在已知的几百个中子星中，蟹状星云当中的脉冲星给人们提供的信息最丰富。

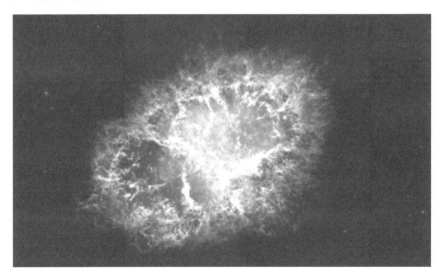

图 5-5　蟹状星云

　　现在人们知道蟹状星云位于金牛座，距离地球大约 6500 光年。它的大小约为 12×7 光年，亮度是 8.5 星等，肉眼看不见。

　　如图 5-6 所示，我们来分析超新星爆发时在地球上观测到的亮光所持续的时间。当一颗恒星在发生超新星爆发时，它的外围物质向四面八方飞散，物质飞散速度为每秒 1300 千米，从 B 点到地球的距离 $l=6500$ 光年。根据经典力学的速度叠加原理，对于两个不同的惯性参考系，光速满足伽利略变换。具体而言，以地球为参考系，朝不同方向飞行的物质发出的光的速度是不相同的，有些抛射物向着地球运动，如 A 点；有些抛射物的运动方向与 A 点抛射物的运动方向垂直，如 B 点，因而它们传播到地球的时间也是不同的。A 点处抛射物发出的光最先能够被地球探知，原因是 A 点处光的传播速度最大，为 $c+v$；B 点处抛射物发出的光最晚能够被地球探知，原因是 B 点处光的传播速度最小，为 c，即等于光源不动时光的传播速度。这最早和最晚形成的时间差，就是人们在地球上所能观测到超新星爆发所持续的时间。将相应的数据 l=6500 光年，v=1300 千米/秒代入，A 点光线到达地球所需时间是 $l/(c+v)$=6472 年，B 点光线到达地球所需最少时间是 l/c=6500 年，两者相差 28 年！也就是说，根据经典力学的理论计算，1054～1082 年，人们都能够观察到这颗超新星所发出的光。然而，史料记载人们观察超新星发出的光所持续的时间仅仅为 22 个月，这与理论计算值差距十分明显，这究竟是怎么回事？

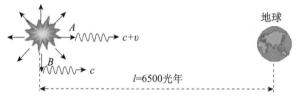

图 5-6　超新星发出的光传播到地球的示意图

对此，我们不由得怀疑对于两个不同的惯性参考系，光速是否满足伽利略变换。如果引入狭义相对论的光速不变原理：真空中的光速是常量，它与光源或观察者的运动无关，即不依赖于惯性系的选择。则 A、B 两点的光速都为 c，在这两点的抛射物发出的光几乎可以同时到达地球。在地球上持续 22 个月的亮光应该解释成超新星自身爆发所持续的时间及在膨胀空间中光子串被拉长。

二、物理学原理

狭义相对论的光速不变原理：真空中的光速对一切不做加速运动的观察者都相同，等于 3×10^8 米/秒，不论光源或观察者的运动状态如何。

光速不变原理显得很奇怪，毕竟，如果你在一束离你而去的光束后面追赶它，常识会告诉你，从你的眼光看离你而去的光束的速率一定小于 3×10^8 米/秒。但是，光速不变却每天都得到证实，大部分验证实验涉及的是快速运动的微观粒子。在 1964 年的一个实验中，一个接近光速运动的亚原子粒子向前和向后都发射电磁辐射。根据伽利略速度变换公式分析，在实验室测量向前的辐

射应当以比 c 快得多的速率运动，而向后的辐射运动则应该比 c 慢得多。但是测量结果表明，两束辐射相对于实验室都以速率 c 运动。

三、实践与应用

由光速不变原理可以导出一些与经典认识大相径庭的推论，比如同时性的相对性、动钟延缓和孪生子效应等。事件的同时性因参考系的选择而异，这就是同时性的相对性，也就是说某一惯性系内同时发生的两个事件，在另一相对此参考系做匀速直线运动的惯性系内观察，这两个事件可能不是同时发生的。如图 5-7 所示，火车在铁轨上向右做匀速直线运动。火车车厢中部有一个光源，前后部 A、B 端各有一个接收装置。现在 A 端接收车厢中部光源发出的光信号，是事件 1；B 端接收光信号为事件 2。很明显，在车厢里的小男孩儿观察，光源到 A、B 端的距离是相等的，且光源也是不动的，故这两个事件是同时发生的，这比较符合常识。但站在铁轨边的小女孩儿与车厢内的小男孩儿分别处在地球参考系和火车参考系中，两个惯性系有相对运动。在小女孩儿看来，尽管此时光源在运动，但根据光速不变原理，光源向 A 端和 B 端发出的光速相同，都是 c。

图 5-7　同时性的相对性示意图

事件 1 中 A 端以车速向光（不是光源）接近，而事件 2 中 B 端以车速离开光，事件 1 比事件 2 中光运行的距离要短一些，所以光到达 A 端要比 B 端早一些。也就是说，由光源发出的光在地面上的人看来，并不是同时到达 A 端和 B 端，这说明事件 1 和事件 2 的同时性与所处的惯性系有关。

动钟延缓即运动着的钟标示的时间产生延迟。S 系中的观察者把相对于他运动的那只 S' 系中的钟和自己的许多同步的钟对比，发现那只钟慢了。那只运动的钟的一秒对应于这许多静止的同步的钟的好几秒。动钟的时间节奏慢。通过在实验室观测快速运动的亚原子粒子——μ 子的运动，人们已经证实了时间的相对性。μ 子和大多数通常的物质不同，它们有一个寿命，存活时间有限，此后，自发蜕变为别的粒子。理论上，如果一个 μ 子相对于你静止，那么你测得它的寿命是百万分之 2.2 秒。但是如果在 99% 光速下，它的寿命将延长为以前的 7.1 倍，即百万分之 15.6 秒后才蜕变。

接下来让我们分析孪生子佯谬。今有孪生子甲、乙两人，甲在家，而乙则乘高速飞船去旅行，甲马上发现乙的心跳变慢了，换句话说，在甲看来，乙所在的参考系中的钟变慢了，乙活得年轻了，自己老得比乙快。但是在乙看来，身在家中的甲在运动，家里的钟变慢了，甲比自己年轻。本来同样年纪的孪生子，现在究竟谁更年轻些？似乎说不清楚，这就叫作"孪生子佯谬"。从狭义相对论的角度来看，甲、乙两人的观点都正确，之所以好像得出矛盾的结论，是因为两人处于不同的惯性系中，各用各的钟，甲的时间观念不等于乙的，反之亦然。其实，乙要想回来至少要改变运动方向，这就不是匀速直线运动了。而狭义相对论只能处理匀速直线运动的参考系问题，孪生子问题涉及变速运动过程，狭义相对论已经不适用。这已经是广义相对论的研究范畴了，后者适用于变速运动的参考系问题。

第三节　传统文化与互补原理

一、传统文化赏析

中华传统文化是儒释道三足鼎立的局面，其中道家思想有一个显著的特征，即善于把看似不相容的东西融合在一个体系当中。老子是道家思想的创始人，他认为："道生一，一生二，二生三，三生万物。万物负阴而抱阳，冲气以为和。"意即"道"展现为统一的整体，统一的整体展现为阴阳二气，阴阳二气交流形成天地人，天地人再产生万物。万物都是背靠阴而面向阳，由阴阳激荡而成的和谐体。在这里，"阳"是一种主动的力量，"阴"是一种受动的力量。阴阳是相斥又相容的矛盾两面，阴阳组成的天地人中，天分晴雨，地分干湿，人分男女，这些都是互斥的属性，却同时存在于一个系统内，并且只能在一定的条件下才能显现其中一种属性。一旦一种互斥的属性显现出来，另一种属性就消失。因此，在阴阳思想中，万物都有相互矛盾对立的一面，而这些矛盾又相容统一，共同构成了万物的整体。

庄子是道家的另一位代表人物，他写道，"吾求之于阴阳""吾又奏之以阴阳之和""吾又欲官阴阳，以遂群生"，反映了对矛盾的对立面——阴阳之间相互依存、彼此联结、相互促进、互相推动、互相渗透、互相贯通的理解，以及对"阴阳同一"的欲求。也就是说，我们所处的世界，或者其中任何具体事物，都是二元对立而又统一的，都在对立面的互生互动中不断运行发展，正如太极图（图5-8）之阴阳消长：阴中有阳，阳中有阴，阴阳相生相胜、相辅相成，只有这样才可以不断活动与演变。

图 5-8　太极图

老子在《道德经》中还将这种二元对立而又统一的思想具体化为生活实践：

天下皆知美之为美，斯恶已。皆知善之为善，斯不善已。故有无相生，难易相成，长短相形，高下相倾，音声相和，前后相随。是以圣人处无为之事，行不言之教；万物作焉而不辞，生而不有，为而不恃，功成而弗居。夫唯不居，是以不去。

这段话的意思是说，天下的人都知道怎么样算是美，这样就有了丑；都知道怎么样是善，这样就有了不善。所以，有和无互相产生，难和易互相形成，长和短互相衬托，高与低互相依存，音与声互相配合，前和后互相跟随。因此，圣人以无为的态度来处事，用不言的方法来教导。任由万物成长而不加以干涉，生养万物而不据为己有，作育万物而不仗恃己力，成就万物而不自居有功。正因为不居功，所以功绩不会离开他。①

台湾大学傅佩荣教授认为这就是老子的标准相对观。"道"是一个整体，在整体中一切都是相对的：有和无因相互对立而依存，难和易因相互对立而形成，长和短因相互对立而显现，高和下因相互对立而依靠，音与声因相互对立而和谐，前和后因相互对立而追随。

这种二元对立而又统一的思想在我国各个历史时期都有传承，如北宋思想家张载在《正蒙·参两》中阐述事物的运动变化时说："两不立，则一不可见，一不可见，则两之用息。"这是因为任何一物总是有虚实、动静、聚散和清浊等相反的特性，从而造成了"循环迭至，聚散相荡，升降相求，纲（yīn）温相揉，盖相兼相制，欲一之而不能"。简言之，就是说自然界中总存在正、反两个方面，一切自然变化，无非是正、反两方面相互斗争、运动变化的结果。

量子力学是 20 世纪物理学的辉煌成就之一，其创立者之一玻尔以"互补原理"作为他理解量子现象的元哲学，他认为："一些经典概念的应用会不可避免地排除另一些经典概念的应用，而这'另一些经典概念'在另一条件下又是描述现象不可或缺的；必须而且只需将所有这些既互斥又互补的概念汇集在一起，才能而且定能形成对现象的详尽无遗的描述。"其基本思想是：要完整地获得关于微观客体的知识，必须使用两组既相互排斥又相互补充的经典物理学概念，只有这些经典概念的总和才能提供整体性量子现象的完全图景。玻尔认为协调互相对立、彼此排斥的波动和粒子这两种描述的唯一办法，就是对经典概念加以非经典的应用。于是反映波动性、粒子性互相排斥的两幅微观世界的图景只不过是互为补充的一幅图景。"存在的相反形式终究会统一成一个实体，这就是互补原理"，它不仅对微观客体的表现给予了协调一致的解释，而且还点缀出量子力学形式体系的思想灵魂。换言之，量子力学中"互补原理"认为在经典物理学概念中不相容且相互排斥的波动性和粒子性，在微观世界是

---

① 傅佩荣．究竟真实：傅佩荣谈老子．北京：东方出版社，2012：21.

允许同时存在的，其精髓之处在于，允许一个概念体系中存在矛盾，存在不相容。这与道家思想的阴阳相生相胜、相反相成有着惊人的相似之处。

1937 年，玻尔到访中国，访问了上海、杭州、南京和北京。据说，当时应玻尔的要求，中方人员带他看京剧"封神演义"，当看到姜子牙出示号令，指挥天下英豪及各路神仙时，打出一面带有太极图的令旗，玻尔顿时指着上面的太极图大加赞叹，称他的互补原理可以用太极图作为基本模式来阐释。后来，丹麦政府为表彰玻尔在学术研究上的功绩，封他为"骑象勋爵"，按要求受勋者需要有一个族徽，玻尔亲自设计了他的族徽（图 5-9），其中心图案采用了中国古代的"太极图"，来形象地展示他的互补思想。

图 5-9　玻尔的族徽

二、物理学原理

让我们先来了解经典力学中的粒子性和波动性。在经典力学中谈到一个"粒子"时，总意味着这样一个客体，它具有一定的质量、电荷等属性，这就是物质的"颗粒性"或"原子性"。与此同时，人们还按照日常生活的经验，认为它具有一定的位置，并且在空中运动时有一条确切的轨道，也就是说在每一时刻有一定的位置与速度。[1] 在经典力学中谈到一个"波动"时，总是意味着某种实际的物理量的空间分布做周期性的变化[2]，而更重要的是呈现出干涉与衍射的现象。在经典概念下，在宏观世界里粒子性和波动性是两种截然不同的性质，难以统一到一个客体上去。也就是说，波动性和粒子性这两种理想的

---

[1]　例如打出去的羽毛球，在空中出现其运动轨迹，而且在某一个时刻，人们能确定它的位置和速度。
[2]　例如荡漾在水面的水波，某一水团的位置就在水平面的平衡位置上下做往复振动。

描述是互不相容、互相排斥的，它们当然不能结合在同一个经典式的逻辑图景中。

量子力学研究的对象是由微观粒子组成的物理系统。1924 年，德布罗意提出物质波，认为一切实物粒子均具有波动性，并提出相应物质波波长与频率的计算公式。电子的波动性在 1927～1928 年被电子衍射实验验证，后来质子、中子、原子的波动性都得到实验证实。1925 年海森堡从微观粒子的粒子性出发，根据玻尔提出的从原子的经典理论过渡到量子理论的原则，提出了矩阵力学。1926 年，薛定谔从粒子的波动性出发导出了波动力学。这两种理论虽然出发点大不相同，但在解释量子现象时却得出同样的结果。同年，狄拉克证明了这两种力学在数学上是等价的。这说明，不论从粒子性还是从波动性进行理论分析都会得到相同的结果。

以上事实都既表明了微观粒子的波动性，又表明了其具有粒子性，这两种互相排斥的属性同时存在于一切量子现象中，这让量子力学的本质变得扑朔迷离。而且在微观客体的实验中，物质确确实实分别展现了某种波动性和粒子性。物质究竟是波还是粒子，也成为一个问题。对此，玻尔意识到既要承认互斥的经典概念应用于微观过程时原则上的局限性，又必须洞察到互斥的两个方面缺一不可，它们当中的任何一个只能显示出部分图景，只有其总和才能提供整体性量子现象的完全图景。于是，1927 年 9 月 16 日，在意大利科摩（Como）召开的"纪念伏打逝世一百周年"的大会上，玻尔在其题为"量子公设和原子理论的晚近发展"的演讲中，第一次提出互补原理，认为量子现象无法用一种统一的物理图景来展现，而必须应用互补的方式才能完整地描述。具体而言，A、B 代表两个概念，说 A 和 B 是"互补的"就意味着 A、B 满足下列条件：A 和 B 具有某些互相反对的性质和行为；A 和 B 不能按人们习惯了的逻辑法则来结合成一个唯一的、统一的、无矛盾的图像和体系；为了得到所研究对象的完备描述，A 和 B 是同样不可缺少的；只能按当时的（或所选的）条件分别利用 A 和 B，而不能一劳永逸地抛掉 A 或抛掉 B。

因此，协调互相对立、彼此排斥的波动和粒子这两种描述的唯一办法，就是对经典概念加以非经典的应用。微观客体的表现既具有波动性，又具有粒子性，相互补充，综合起来的波粒二象性才能构成它的完整面貌。于是，根据互补原理，波动力学和矩阵力学只不过是从波粒二象的不同侧面来描述微观客体的；反映波动性、粒子性相互排斥的两幅微观世界的图景只不过是互为补充的一幅图景。

存在相反形式，终究会统一成一个实体，这就是互补原理的实质，它表达了哥本哈根学派的基本哲学观点，因而又被称为"哥本哈根精神"。它不仅对微观客体的表现给予了协调一致的解释，而且还点缀出量子力学形式体系的思想灵魂，已经成为哥本哈根思想大厦的理论柱石。[①]

三、实践与应用

电子双缝干涉实验于 1961 年由德国蒂宾根大学约恩松创先完成。该实验于 2000 年被美国物理学家评为十大最美物理实验之首。何为双缝干涉实验？具体而言，一列波在通过两个狭缝后，出来就会变成两列子波进行传播，它们在缝后传播区域的任何一个位置点都会叠加，形成振幅相长或相消的现象，也就是所谓的干涉。在某些点上如果两列波的运动方向相同，那么它们的振幅就加强；如果两列波的运动方向相反，那么它们的振幅就减低，甚至抵消为零。因此到最后人们所观察到的波的干涉图像就是一些明暗相间的条纹。

约恩松的实验示意图如图 5-10 所示，他在铜膜上开了宽 0.3 微米、长 50 微米，且相邻缝间距为 1 微米的双缝做实验。实验中采用 50 千伏的电压加速电子，利用电磁透镜放大在狭缝 35 厘米处的图像。实验过程中，每次只发射一个电子，该电子通过两个狭缝打到电子屏上，就会激发出一个小亮点，但其落点随机，无法确定它究竟会出现在哪个位置。继续发射少量电子，它们通过狭缝后落在屏上的分布看起来毫无规律，并不形成暗淡的干涉条纹，这显示了电子的"粒子性"。实验继续进行，随着通过双缝的电子数量增加，观测屏上的电子分布的规律逐步显现：在某些地方电子多一些，即出现的概率要大一些；在另一些地方电子少一些，即出现的概率小一些，并在屏上形成了清晰的干涉条纹（图 5-11）。通过分析，发现在屏上电子出现频率高的地方，恰好是

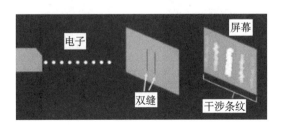

图 5-10　电子干涉实验示意图

---

① 罗发海，程民治."道"与现代物理学.合肥：安徽大学出版社，2006：60.

波动规律所预言的干涉条纹的亮处，而它们出现频率低的地方，对应于干涉条纹的暗处，这其实显示了电子的"波动性"。

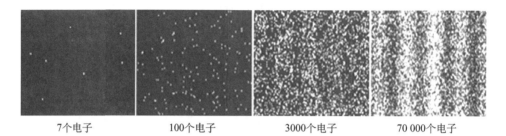

| 7个电子 | 100个电子 | 3000个电子 | 70 000个电子 |

图 5-11　电子双缝干涉实验结果

　　综合起来看，微观粒子有些方面像经典的粒子，有些方面像经典的波动，但它们两者都不是。波动性和粒子性这两类经典概念是相辅相成的，但是这两个属性不能同时出现，不论现象是连续性还是非连续性的，人们总会丢掉其中一面，这两个面是互相排斥的。这正如著名的人脸－花瓶图（图5-12）：把白色当作底色会见到两个相对的人脸，把黑色当作底色则见到白色的花瓶。这幅图"本来"是人脸还是花瓶呢？那要取决于你采用哪一种观察方式，但没有什么绝对的"本来"，没有"绝对客观"的答案。花瓶和人脸在这里是"互补"的，你看到其中的一种，就自动排除了另一种。①

图 5-12　人脸－花瓶图

---

　　① 曹天元.上帝掷骰子吗？量子物理史话.北京：北京联合出版公司，2016：166.

第四节　传统文化与量子"意识"

一、传统文化赏析

在我国浩瀚的历史文化长河中，佛学占有较为重要的地位。追本溯源，佛学起源于印度，在公历纪元前后开始传入中国，在中华大地上启蒙、传播、积累、发展和升华，到了宋朝，佛学已经彻底中国化了。佛学十分重视意识，其重点研究的也是意识。佛学认为一个人的意识可以传递，佛学的教义中说："今生忍受苦难，来世可以得到幸福。"这就是一种"转世"的观念，属于意识的传递。佛学认为，人的形体随时可能消亡，但灵魂永存，并在六道中不断轮回转世。其中活佛的转世是超越一般人的，它与普通人的轮回有着本质区别，活佛是超越了轮回，自愿下凡救度众生的菩萨。

佛学认为，意识的本体是"一念不生"的境界，处于这种境界的人，面对所有事物都心若空明，这时意识处于不确定状态，也就是不住相。如来的法身其实不在任何具体的空间，不住相，又存在于任何地方；不在某处又存在于任何一处。人的意念也是不住相，没有任何具体的色相。佛学唯识理论中，把心理活动分为心法[①]和心所法[②]。其中八种心法是指眼识、耳识、鼻识、舌识、身识、意识、末那、阿赖耶识，又称八识心王。前五识对色、声、香、味、触五境分别起作用，第六意识就是我们常说的意识，具有认识抽象概念的功能，即能够分辨外界事物的性质，以及与其他不同的事物区别开来。前五识中有一识起作用，意识便同时俱起。[③]

佛徒们都十分喜欢静坐。静坐，在经论里面其实就是"禅"，这是佛徒必须学会及积极运用的方法。静坐时，大脑意识放空，意识重新回到十分自由的叠加状态。待身心愉悦后，在静坐的过程中还可以去冥想一些事情，从而提高自己的认知能力。佛学认为，静坐能得禅、能得神通、容易成就智慧——所谓般若波罗蜜，这是从佛学的立场说禅定能得到一些功德。当人们内心烦躁、思

---

① 又称心王，共有八种，通俗地说，是指心理活动的主要方面。
② 共有五十一种，通俗言之，是指心理活动的次要方面，其功能是配合上述八种心法。
③ 朱清时. 量子意识——现代科学与佛学的交汇处？http://chuansong.me/n/1746052. 2015-09-28.

维混乱时，他的意识也会十分模糊，神经对其测量很容易出现偏差，对外界事物的认知能力就会有所下降，这时，佛学提倡的静坐就十分有用了。

从物理学的角度来看，意识可能是一种量子力学现象。① 根据以玻尔为首的哥本哈根学派的解释，在没有施加意识之前，物质所处的状态是多种可能性的叠加态，意识一旦出现，导致波函数坍缩，粒子从而得到唯一确定的状态。就比如在一个人面前出现了一朵花，假如他是一个没有任何分别心的人，看花不是花（图5-13），此时他的意识处于自由的状态，他没看到花是不是红的，好不好看，他看它并不是花，他根本就不动念头。这是一种一念不生的状态，甚至可以提升为一种境界了。唐代张拙的诗中写道"一念不生全体现，六根才动被云遮"。一念不生的境界就是看到一个物体，不生任何念头，对境无心，这时候意识处于很自由的状态。此时的意识状态非常像量子力学中的现象，意识的载体，也就是大脑，它也是由众多粒子构成的。注意，意识不是粒子，但其载体是大脑，因而意识是个抽象而易懂的概念。意识的产生与大脑中海量的纠缠态的电子有关，因此意识需要测量。一个人没有动任何念头，也就是还没有去"测量意识"，这里的"测量意识"即意识反馈给大脑，形成我们通俗说的"感觉"或"认知"。如果这个人看到这朵花，一下子动念头了，动念头实质上就是做了测量。他用鼻子去测量发现花是香的，他用眼睛去测量发现花是红色的，而他用意念去测量，发现花很美丽。更加通俗地说，这些测量的结果导致了一系列念头的产生，一下子使你产生了进一步的念头：这是一朵玫瑰花，就认出它来了。人意识的发动过程实际上是通过相关神经进行测量，然后产生念头。这时候念头的产生，实质是通过测量得出的几个我们主观制造出来的概念。这时意识不再自由，它突然坍缩到一个概念"玫瑰花"上。这一系列的念头产生了"客观"。回顾这一过程，先是神经测量了意识，让人自由的意识坍缩成感知外部的状态，此时通过各种神经测量出了外部的状态，并反馈到意识中形成念头，这样反反复复，人们就不断地感知到了大千世界，并且影响着这个世界。

如此看来，量子力学与佛学这两种截然不同的学说研究的重点都与"意识"有关。"一切唯心造"是佛法的一个基本结论，这与量子力学中的测量之后粒子的状态才得以确定似乎有些许相似之处。① 比较两种不同领域中的"意识"概念，有助于人们参悟和理解这两门学说。

① 朱清时.量子意识——现代科学与佛学的交汇处？http://chuansong.me/n/1746052. 2015-09-28.

图 5-13　看花不是花

关于量子力学中存在"意识"的理解，另外一种说法认为：信息不是客观存在的，而是主体对客体做测量时才共同制造出来的。一个原来不含任何信息的客体，人们依据一定的测量手段施加于它才能得出信息，反映客体属性的一个方面。"测量"过程不是一种简单的"反映"过程，而是一种"变革"过程，"信息"乃是"变革"的结果。这一哲学思想与《礼记·大学》中所说的"致知在格物，物格而后知至"颇为相似，这里"格"就可理解为"变革"。

二、物理学原理

量子力学是研究物质世界微观粒子运动规律的物理学分支，主要研究原子、分子、凝聚态物质，以及原子核和基本粒子的结构、性质，它与相对论一起构成近代物理学的理论基础。那么量子力学怎么会跟意识有关联呢？这就牵涉到量子力学中的两个现象。第一个就是叠加态与坍缩。根据人们的常识，一个物体在某个时刻，一定会处在某个固定的状态。比如人们向碗里掷一枚骰子，掷一次的结果一定是出现六个点中的其中一点。这个结果在掷了之后是固定的，不会因人的意识而变化。因此掷骰子的结果是十分客观的。但是，这仅是宏观现象，在微观上就大不一样了。量子力学的基本原理就是微观粒子可能处在叠加态，这种状态是不确定的。例如，电子可以同时处于两个不同地点，电子有可能在 A 点存在，也可能在 B 点存在，电子的状态是在 A 点又不在 A 点的叠加。直到你去测量电子的位置，那么电子的位置才得以确定。

有人会质疑："电子十分微小，我们不观测怎么知道它的确切位置？它一定是早就在那个位置了，只是我们不知道而已。"这种质疑其实是用了宏观的物理思维来分析微观现象。在微观世界里，的的确确存在粒子的这种状态。在量子力学发展过程中，很多实验确证了这一叠加态的存在，如前面提到的电子干涉、衍射实验，中子的干涉实验及电子共振俘获实验等。因此，这些粒子在没有观测的时候，没有确定的状态，只是一种叠加态；如果被观测了，那么这种叠加态就会发生坍缩，成为其中的一种状态。这就是量子力学的第一个现象。它体现了"意识"决定粒子的具体状态。

值得一提的是，量子力学的创始人之一薛定谔曾批驳量子力学的态叠加思想，他认为一个东西同时既存在这个状态，又存在那个状态，那是荒谬的。于是他设计了一个理想实验来验证自己的观点，人们将该实验称为"薛定谔的猫"实验（图 5-14）：在一个盒子里放一只猫，以及少量放射性物质。之后，让盒子密闭，与外界彻底隔绝，即无法从外界观测盒子内部的状况，除非打开盒子。那么这个时候，有 50% 的概率放射性物质将会衰变并释放出毒气杀死这只猫，同时有 50% 的概率放射性物质不会衰变而猫将活下来。根据量子力学的态叠加原理，在没有观察盒子内部的时候，原子核是处于已经衰变和没有衰变的叠加状态。因此，此时猫的状态是可能活着，也可能死了，即猫也处于这种既死又活的叠加状态，这违背了逻辑思维，与人们的经验严重背离，从而薛定谔认为宏观世界并不遵从微观尺度的态叠加原理。但是哥本哈根学派认为，在没有进行测量之前，一个粒子的状态处于各种可能性的混合叠加，只有测量了才会随机地选择其中一种状态出现。未打开盒子时，猫处于活与不活的叠加态，而打开盒子的一瞬间，猫的波函数立刻收缩到本征态，变成要么是死，要么是活了，就不再是模糊状态了。盒子一旦打开，就是做了观测，已经掺杂意识进去了。此时猫的叠加状态就会坍缩成死或活的其中一种。也就是说，当"意识"被包含在整个系统中的时候，叠加态就不适用了。

图 5-14　薛定谔的猫

　　量子力学的另一个现象，就是量子纠缠（图 5-15）。与先前所说的单粒子叠加态不同，它讲的是关于多个粒子的叠加态。通俗来说，两个或两个以上的粒子都处于多种状态的叠加，并且彼此之间存在关联，即当测量其中一个粒子的状态时，其余粒子的状态会瞬间产生相关联的变化。量子纠缠最典型的例子是：如果有一个原子在空中爆炸，变成了两个碎片朝两个方向飞去。那么这两个碎片的状态就一定会有明确的关系，根据角动量守恒，这两个碎片，如果一个角动量是正的，另一个角动量一定是负的，这样它们的角动量之和才是零。在还没被观测之前，它们的状态是不确定的。只有在你观测了其中某一个的状态，另一个的状态才立刻就变化了，也变得确定起来了，这种关联就叫作量子纠缠。换言之，对一个粒子进行一次测量会引起物理变化，这个变化会在瞬间使与这个粒子纠缠的其他粒子发生物理变化，不论这些粒子离这个粒子有多远。

图 5-15　量子纠缠

三、实践与应用

我们有时候在计算机上运行一些较大的程序会导致死机，于是人们便不断优化配置，例如 CPU 升级、内存扩充等，以期计算机的功能扩大、运行速度加快。但如果用量子器件来做成量子计算机，会比传统计算机的功能强大很多。普通的数字计算机在 0 和 1 的二进制系统上运行，称为比特（bit）。一部由两个比特构成的常规计算机有 2^2 个可能的状态：00、01、10、11，计算机在任一时刻只能在其中一个状态中。而量子的不确定性允许每个量子比特（比如陷在电磁场中的单个离子）同时处于它的两个可能的状态 0 和 1 中，于是对一个量子比特施加的物理操作就同时施加在两个状态上，量子计算机就同时处在它的四个可能的状态，从而它能对全部四个状态同时实行计算，这就比传统计算机的速度快了三倍。而且随着量子比特个数的增加，它们同时所处的状态数目急剧增大，其计算能力将呈几何级数增长。比较一下，现在的计算机一般都是 32 位或 64 位的操作系统，以 32 位系统为例，它的最大内存寻址空间是 2^{32}，约为 4G。如果运用量子比特制成 32 位操作系统的量子计算机，那是什么概念？可以同时有 40 多亿个态参与计算，其功能则远远比现在的普通计算机强大。

量子纠缠的应用非常有价值，用量子态作为信息载体，可以实现不可破译的量子保密通信。如果在通信双方手中分别拥有相互纠缠的两个粒子，其中一个粒子的量子态发生变化，另外一方的量子态就会随之立刻变化。而且宏观的任何观察和干扰，都会立刻改变量子态，引起其坍缩，因此即便是窃取者获取了用来加密的量子态，一旦打开来看量子态就改变了，得到的并非原来的密钥，从而无法解密原有信息。打个比方说，某公司总部在北京，有一家分公司在广州，现在，总部有一个商业机密信息要传递给分公司。于是先制备一对相互纠缠的粒子，北京公司和广州分公司各持有一个。约定好，北京公司和广州分公司同时观测各自的粒子，两个粒子瞬间会坍缩为互为对称的某种状态，由此双方都能根据己方粒子的形态推出对方粒子的形态。总部按照固定顺序记录下自己粒子的形态，形成了一组密钥，给这个商业机密信息加密后，通过经典的信道从北京公司发送给广州分公司。广州分公司根据己方粒子的状态已经掌握了解码的密钥，能够顺利解密信息。如果第三方想截取这个机密信息，必须通过截取粒子的方式来获取密钥。但即便是粒子被盗取，一旦被观测其形态就变化了，复原出来的密钥早已千差万别，已无法解密该信息。

目前量子通信已在实验和实践应用方面取得了一些突破，进一步的挑战：一是如何实现越来越多态的量子纠缠；二是延伸量子纠缠的距离。2016 年 8 月我国发射的量子科学实验卫星"墨子号"发射升空，为实现几千千米的量子通信奠定了基础。

第六章
传统文化与物理学方法

　　曾经有人说，方法就是世界，可见方法在人类生活中的重要地位。科学方法是与自然科学共同产生和发展起来的，而科学方法论则是人们从对自然科学发展的历史中反思得到的，是从对自然界的再认识过程中总结出来的。现代物理学的发展伴随着物理学方法的不断充实与完善。而许多物理学的方法，在中华传统文化中能找到根源。

　　中华传统文化中蕴含的某些思想，对现代科技的产生具有一定的启示意义，正如比利时物理学家、1977 年诺贝尔物理学奖得主普里高津在《从混沌到有序》里所说的那样："中国的思想对于那些想扩大西方科学的范围和意义的哲学家和科学家来说，始终是个启迪的源泉。"本章我们将分析黑箱辨识法、直觉方法、类比方法和极限推导法，通过分析传统文化思想与物理学方法的融合和渗透，管窥传统文化的博大精深。

第一节 传统文化与黑箱辨识法

一、传统文化赏析

在传统文化宝库中，中医是一颗璀璨的明珠，它是基于中国古人对生命现象的长期观察、大量的临床实践，囊括了人体生理、病理、诊断及治疗等多个方面，逐步形成并发展成的医学理论体系。它以阴阳五行作为理论基础，将人体看成是气、形、神的统一体，通过"望闻问切"四诊合参的方法，探求病因、病性、病位，分析病机及人体内五脏六腑、经络关节、气血津液的变化，判断邪正消长，进而得出病名，归纳出证型，以辨证论治原则，制订"汗、吐、下、和、温、清、补、消"等治法，使用中药、针灸、推拿、按摩、拔罐、气功、食疗等多种治疗手段，使人体达到阴阳调和而康复。

春秋战国时代的韩非子记载了扁鹊见蔡桓公（图6-1）的故事。

图 6-1 扁鹊见蔡桓公

扁鹊见蔡桓公，立有间，扁鹊曰："君有疾在腠理，不治将恐深。"桓侯曰："寡人无疾。"扁鹊出，桓侯曰："医之好治不病以为功！"居十日，扁鹊复见，曰："君之病在肌肤，不治将益深。"桓侯不应。扁鹊出，桓侯又不悦。居十日，扁鹊复见，曰："君之病在肠胃，不治将益深。"桓侯又不应。扁鹊出，桓侯又不悦。居十日，扁鹊望桓侯而还走。桓侯故使人问之，扁鹊曰："疾在腠理，汤熨之所及也；在肌肤，针石之所及也；在肠胃，火齐之所及也；在骨髓，司命之所属，无奈何也。今在骨髓，臣是以无请也。"

居五日，桓侯体痛，使人索扁鹊，已逃秦矣。桓侯遂死。

这篇故事选自《韩非子·喻老》，文中的"蔡桓公"，据考证应该是战国时期齐国的第三位国君田午，谥号为"齐桓公①"。因其曾迁都上蔡（今河南上蔡），所以按当时的习惯又称齐国为蔡国（蔡国原为姬姓封国，当时已经灭亡），所以齐桓公又称蔡桓公。文章以时间为序，以蔡桓公的病情发展为线索，先是病在皮肤纹理间，十天后渗透到肌肉，再十天后深入肠胃了，后来病入骨髓，一代名医扁鹊也是无能为力，只得从齐国逃往秦国了。文中所言，扁鹊（前407—前310）觐见蔡桓公，只是在蔡桓公面前站着看看了一会儿（"扁鹊见蔡桓公，立有间"），并没有为他把脉，也没有查看舌苔，仅仅通过面相、气色等的观察，就看出了疾病的症候，可以说医术已经非常高超了。当然，这个故事还有另一层含义，劝喻人们不要讳疾忌医。

中国古代的另一位名医华佗（约145—208），是东汉末年著名的医学家，他精通内、外、妇、儿、针灸各科，医术高明，诊断准确，在我国医学史上享有很高的地位。晋代史学家陈寿（233—297）所著《三国志》中的《魏书·方技传》记载：

府吏倪寻、李延共止，俱头痛身热，所苦正同。佗曰："寻当下之，延当发汗。"或难其异，佗曰："寻外实，延内实，故治之宜殊。"即各与药，明旦并起。

意思是说，某郡的办事员倪寻和李延在一起居住，他们一同到华佗那儿看病，两人诉说的病症相同：头痛发热。华佗分别给两人诊了脉后，给倪寻开了泻药，给李延开了发汗的药。两人看了药方，感到非常奇怪，问："我们两人的症状相同，病情一样，为什么治疗方法却不一样呢？"华佗解释说："你俩相同的只是病症的表象，倪寻的病因是由内部伤食引起的，而李延的病却是外感风寒、着凉引起的。两人的病因不同，我当然得对症下药，给你们用不同的药治

---

① 此齐桓公并非春秋五霸之首齐国的国君小白，后者以管仲为相，进行大刀阔斧的改革，实现了齐国政治、经济和文化的大发展和大繁荣。

疗了。"倪寻和李延服药后，没过多久，病就全好了。后来，"对症下药"这一成语，就用来比喻要善于区别不同的情况，采取适合的方式来正确地处理各种问题。尽管两位病人的症状似乎相同，但华佗能够根据脉象诊断的结果，深刻认识到各自的不同疾病成因，并相应地开出了药方予以治疗，其医术精湛可见一斑。

中医的这种诊疗方法，事实上就是现在人们所说的黑箱辨识法。黑箱辨识法认为，自然界中没有孤立的事物，任何事物都是相互联系、相互作用的，所以，即使人们不清楚"黑箱"的内部结构，仅注意到它对信息刺激作出何种反应，注意到它的输入－输出关系，就可对它进行研究。如果我们能设计出一个系统，在同样的输入作用下，它的输出和所模拟对象的输出相同或相似，就可以确认实现了模拟的目标。在此，信息的输入，就是一个事物对黑箱施加影响；信息的输出，就是黑箱对其他事物的反作用。中医的研究对象是人体，中医学把人体作为活的有机整体，以整个活的机体作为研究单位，在不割裂整体、不干扰正常生命活动的情况下，用"司外揣内"和"由表及里"的推导方法，分析生命现象的整体性、过程性和辩证性，从而把握整体的运动规律。也就是说，面对人体内部的各种复杂系统出现的病症，中医的治疗不靠透视，不用切片，主要通过对病人的"望闻问切"来进行诊断。医生收集人体系统的内在疾病在脉象、气色和舌苔等方面反映出来的外部信息，然后通过对这些信息的分析处理，就能作出判断、开出处方。一位中医的临床经验越丰富，他获得的关于疾病的信息就越多，因而他对人体这个复杂系统的"黑箱"辨识能力就越强。[①] 这与不直接探测其内部结构，而通过考察对象的输入、输出及其动态过程来研究对象的行为、功能等特性的黑箱辨识法有着共同的哲学根据，与黑箱理论不谋而合。

关于这种方法类似的描述在传统中还有成语"见微知著"。微，隐约；著，明显。意指看到微小的苗头，就知道可能会发生显著的变化。宋代文学家苏洵（1009—1066）[②]在《辨奸论》中写道："惟天下之静者，乃能见微而知著。"说的是见到一点儿苗头就能知道它的发展趋向与问题的实质，或从细小的事物中发现问题，其思想内核也与"黑箱辨识法"相似。

二、物理学方法

1956年，艾什比在他所写的《控制论导论》中对黑箱辨识法作了比较系

① 朱鋐雄.物理学方法概论.北京：清华大学出版社，2008：157.
② 与其子苏轼、苏辙并称为"唐宋八大家"中的"三苏"，都以文学著称于世。

统的阐述。首先他明确了什么是黑箱问题。他认为："黑箱问题是在电机工程中出现的。给电机师一个密封箱，上面有些输入接头，可以随意通上多少电压、电击或任何别的干扰；此外有些输出接头，可以借此做他所能做的观察。"黑箱问题在各门科学中都是普遍存在的。在神经生理学中，人们通过观察动物对刺激的反应来推断其内部神经结构；在计算机领域，测试程序时，负责设计输入和输出时检验程序的对与错，而不负责程序代码具体是怎样运行的；在人口学研究领域，人口学家利用我国人口普查获得的信息，如人口出生率、死亡率、自然增长率、年龄构成等，建立人口发展的动态模型，来理解我国人口系统这个复杂的大黑箱，从而推断若干年后的变化状况，为国家确定人口政策甚至是现代化建设提供有价值的参考意见。[①]

黑箱辨识法逐步被提炼成物理学的研究方法之一。人们把不能够被直接观察到内部结构的系统称为黑箱，不打开黑箱，利用外部观察和试验，通过对系统输入和输出信息的分析，从信息的变化中提炼出反馈模型，进行反馈检验，不断地修正模型直到确立模型，以此得到对系统本身的内部结构和功能的认识。黑箱辨识法是人们认识系统的重要方法，它可以在不破坏系统内部结构的前提下对系统进行多次重复测量。有人说同步辐射是粒子物理学家的眼睛，对于微观粒子，人们无法直接观察到它的结构和状态，只能通过从外部输入和输出的信息来做出推论。

三、实践与应用

卢瑟福原子核式结构模型的提出就是成功地运用了黑箱辨识法。1911 年，实验结果显示，当用高能的 α 粒子轰击金箔后，绝大部分粒子仍沿原来方向前进，而少数粒子却发生了较大的偏转，极少数粒子的偏转角度超过了 90°，有的甚至被弹回，偏转角几乎到达了 180°。当时，对于原子内部结构这个"黑箱"而言，人们无法直观地观测到，卢瑟福根据实验输出的信息，大胆预测原子中心有一个很小的"核"，叫原子核，原子的全部正电荷和几乎全部质量都集中在原子核里；而带有负电荷的许多电子绕着原子核旋转（图 6-2），从而较为合理地得到了对原子内部结构和功能的认识。

1919 年，卢琴福又一次运用黑箱方法，用 α 粒子轰击（输入信息）氮原

---

① https://wenku.baidu.com/view/5baf4c85bceb19e8b8f6ba78.html. 2016-11-30.

子核，使原子核发生人工转变（输出信息），发现了质子。1932 年，法国核物理学家约里奥·居里夫妇发现，如果用 α 粒子轰击铍产生的射线去轰击石蜡（输入信息），竟能从石蜡中打出质子（输出信息）。但是，他们根据打出的质子的速度，推算出这种射线的能量是 50 兆电子伏。这与两年前博特和贝克铍辐射射线能量为 10 兆电子伏的推算大相径庭，遗憾的是约里奥夫妇将之解释为光子同质子的康普顿散射。随后，英国物理学家查德威克仔细研究了这种射线（分析输出信息），测出这种粒子不带电，其质量与质子差不多，由此发现了中子。中子发现的过程启示人们，有时候根据输入输出的信息来辨识黑箱，并不是一件轻而易举的事情，正确的理论分析不可缺少。

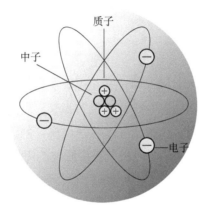

图 6-2　原子核式结构模型

黑箱辨识法确实在各个领域都存在有意或无意的应用，如检察和公安机关的破案。如果办案机关没有犯罪嫌疑人犯罪行为的录音、录像等直接证据，而是事后去追溯之前的犯罪事实，那就必须根据人证、物证等外部输入的信息，以及在审讯过程中犯罪嫌疑人的表现、认罪态度等输出的信息来推论出黑箱内部——犯罪事实——的情况。办案人员可能并不是刻意运用这种方法，但是他们破案的工作流程渗透了黑箱辨识法的精髓。以最近热播的反腐电视剧《人民的名义》中的剧情为例。据大风厂的厂长蔡成功举报，京州市城市银行的副行长欧阳菁收受了他 200 万元人民币的贿赂款，当时的具体情况没有录音和录像，这说明欧阳菁的犯罪事实对检察人员而言就是黑箱，要辨识黑箱内部的情况，只有通过输入外部信息并分析输出的信息来判断。经过调查，检察人员发现一张以蔡成功母亲名义开办的、内存 50 万元人民币的银行卡已经被消费，提取现金只剩下 5000 元了，但时间过去较长，这些消费、取款记录没有留下来。

办案人员对这个黑箱输入了一些信息——通过上门调查等措施使欧阳菁感觉到检察人员已经盯上她了。随后就有了输出信息——欧阳菁在决定离境前，用这5000元支付了部分购置衣物的款项。检察机关随即通过监控录像、所购衣服照片、购物小票、银行卡付费时的签名等资料坐实了欧阳菁的消费证据，由此开启了辨识黑箱的大门。

第二节　传统文化与直觉方法

一、传统文化赏析

中国佛教在形成和传播过程中，其六代祖师[①]起到了非常重要的作用。禅宗史上，实际上直到五祖弘忍一代，还只有禅学，尚无禅宗。六祖慧能生活在唐代，他继承五祖弘忍衣钵，提出了"顿悟成佛"的理论，创立了禅宗。这是佛教史上的一次空前大改革，标志着佛教中国化的完成。

六祖不但主张人人都可以成佛，而且主张不用背诵佛经，不需累世修行，只要认识本心，就能成佛，即所谓"识心见性，顿悟成佛"，"直指人心，见性成佛"，这是六祖《坛经》的纲要，也是禅宗精髓。这就将参佛从原来的深山苦修和渐进累积中解放出来，不但迎合了上层统治者和士大夫的需要，而且也为下层人民信佛提供了很大的方便。六祖首先把顿悟与"自性清净"结合起来。所谓"自悟"或说"令自本性顿悟"，就是从"自性清净"出发的。六祖在《菩提偈》说道：

> 菩提本无树，明镜亦非台。
>
> 佛性常清净，何处有尘埃！
>
> 心是菩提树，身为明镜台。
>
> 明镜本清净，何处染尘埃！
>
> 菩提本无树，明镜亦非台。
>
> 本来无一物，何处惹尘埃！

意思是说，众生的身体就是一棵觉悟的智慧树，众生的心灵就像一座明亮

---

① 即初祖达摩、二祖慧可、三祖僧璨、四祖道信、五祖弘忍、六祖慧能。

的台镜。要时时不断地将它掸拂擦拭，不让它被尘垢污染障蔽了光明的本性。菩提原本就没有树，明亮的镜子也并不是台。本来就是虚无没有一物，哪里会染上什么尘埃？

这里的"菩提"，乃梵文的音译，意译为"觉"或"智"，指对佛教教义的理解，或是通向佛教理想的道路。"偈"，僧人唱颂的诗歌。"树"，指菩提树，意译为"觉树"。"明镜"，古代坐禅之处，多悬明镜，以助心行，通常用以比喻佛与众生感应的中介。"台"，指安置明镜的地方，借指客观存在。佛性亦即自性，指各人心中所有被蒙蔽的真心。能够去掉蒙蔽，见其真心，就是"一悟即知佛"，即顿悟成佛。通俗而言，每个人生来就具备佛性的"种子"，这个佛性的"种子"就在每个人"当下"的心中，凡夫俗子只因被七情六欲等各种"烦恼"所困，不能"明心见性"，一旦遇"善知识"指点，即可顿除迷情，超凡入圣。就像天空本就是湛蓝清明的，只因被乌云遮蔽，光明不再，一旦大风驱散乌云，蓝天的本来面目便自然呈现。

图 6-3　六祖与顿悟成佛

禅宗"顿悟"中的"顿"就是突然，这里面没有时间，没有过程，是当下的，是实时的、迅速的、直接的，好像石火电光，就是那么一刻，一下就悟了，不容许你思想，不容许你犹豫，不容许你考虑。而"悟"并非理智认识，不是逻辑性的，而是直觉感受和体验领悟性的，是一种不可言说的领悟、感受。众所周知，人的心一刻不停都在思虑，按佛教所说，这是妄念流转，心猿意马。佛教开出的戒、定、慧"三学"，即是为了制约身心。在某种特定条件、情况、境地下，突然感觉到这一瞬刻间似乎超越了一切时空、因果，过去、未来、现在似乎融在一起，不可分辨，也不去分辨，不再知道自己身心在何处（时空）和何所由来（因果）。所谓不是心，不是物，不是佛是也。这当然也就超越了一切物我人己界限，与对象世界（例如与自然界）完全合而为一。

佛教禅宗"顿悟"的对象是人的本性，也就是佛性，"顿悟"的方式与物理学中的"直觉"方法极为类似，后者多指意识的本能反应，是无须分析推理、不用理性思考的直观感。科学突破要靠灵感，这灵感的产生就是来源于直觉，只不过"直觉"的背景是对某一物理现象和规律经年累月的思考，具有强烈渴求解决的愿望，并积累了广泛而深厚的知识基础和足够多的信息，且大脑对所要解决的问题能够暂时处于"转移注意力"的放松状态。因为只有在这种状态下，人的头脑才会开始进入"潜意识"的加工活动。在"潜意识"下，人们形成的思想才不受限制，直觉就容易产生。这里的"潜意识"根植于物理学家心中的物理问题，而禅宗的"潜意识"对象就是自身被蒙蔽的本性。

除了佛教禅宗提倡的"佛性顿悟"，道家学说也对"直觉"有比较深刻的认识。老子把直觉比作"涤除玄鉴"，鉴，即镜子。老子把内心比作明镜，主张通过心性修养，排除一切欲望干扰。只有借助内心静观，才能体认"常道"。庄子则提出了"朝彻""见独"的思想。"朝彻"的关键是悟道体道，是指超越了"天下""物""生"之后的大彻大悟，是视野的打开、境界的提升。"见独"则是更高层次的直觉，它包含着独特的视野，独到的见解，超凡的睿智，卓越的思想。只有"通于道"方可由"朝彻"而"见独"。[①]管子（即管仲）也曾指出："思之思之，又重思之。思之而不通，鬼神将通之。非鬼神之力也，精气之极也。"意思是说，反复思考后，思想能够贯通，这并非鬼神之力，而是由于长期的沉思之后精气专一到极点，才达到茅塞顿开、豁然开朗的境界。

此外，古人的治学三境界中也强调"灵感"的作用，如近代大学者王国维（1877—1927）在《人间词话》中所言：

① 李明珠.《庄子》"见独"的视野及其价值再思考.学术研究，2008（11）：28-32.

古今之成大事业、大学问者，必经过三种之境界："昨夜西风凋碧树，独上高楼，望尽天涯路。"此第一境也。"衣带渐宽终不悔，为伊消得人憔悴。"此第二境也。"众里寻他千百度，蓦然回首，那人却在，灯火阑珊处。"此第三境也。

这第三境界既可解释为从质变到量变的飞跃，又可认为是"蓦然回首之灵感或直觉"，只不过这种灵感是根植于"望尽天涯路"第一境界的登高望远、明确目标与方向、了解事物概貌，以及"为伊消得人憔悴"第二境界中对学问的坚定不移、废寝忘食与孜孜以求。

二、物理学方法

直觉是一种重要的创造性思维方法，它不同于形式思维方法，也不同于辩证思维方法和形象思维方法。科学家的直觉，是面对各种可能性作出正确选择的重要能力，是科学研究和创造的最可贵因素，它类似于文学家的灵感，往往来自于思维比较放松的精神状态中，它是大脑中一闪而过的思维亮点，不是逻辑推理的结果。没有直觉，就不可能做出重大的科学创造，这种非逻辑的思维方式是科学创造中的一个必然环节，具有逻辑思维所不能代替的作用。直觉是以创造者热烈而顽强地致力于创造性解决问题为前提的，创造者长期研究某一问题，挥之不去，驱之不散。长期思索的结果，大脑建立许多暂时联系，一旦受到某种刺激，就如同打开了电钮一样，立刻大放光彩。直觉的出现并非偶然，更不是幸运带来的礼物，只能来自创造者丰富的经验和长期的实践。杨振宁将直觉的特点归纳为"跳跃性""整体性""猜测性"。[①]

爱因斯坦一再重申："从特殊到一般的道路是直觉性的。"在谈到基本规律的形成时，爱因斯坦说："没有什么合乎逻辑的方法能导致这些基本定律的发现。有的只是直觉的方法，辅之以对现象背后的规律有一种爱好。"直觉就是一种非逻辑的思维能力，直觉产生是人类理智活动的一种飞跃现象。在创造性活动和建立新概念的过程中，直觉作为一种创造性的心理因素起着重要的作用。

三、实践与应用

在物理学史上，阿基米德发现浮力定律、伦琴发现 X 射线及爱因斯坦

---

① 罗发海，程民治."道"与现代物理学. 合肥：安徽大学出版社，2006：170.

创立狭义相对论，他们敏锐的直觉都帮了大忙。

阿基米德得到叙拉古的赫农王交给的任务：不破坏皇冠而验证其是否用纯金制成的。阿基米德冥思苦想数日仍不得其解，感到十分为难和焦虑。有一天，他到澡堂去洗澡，当进入澡盆时，发现自己身体越往下沉，从盆里溢出的水就越多，而他则感到身体越轻。这个情景使阿基米德产生了直觉——同等重量的金子和皇冠若其排开水的体积一样，则密度一样，就没有掺假。意识到这些，阿基米德欣喜若狂地跳出了澡盆，直奔王宫，边跑边喊："找到了！找到了！"后来，他完成了《论浮体》一书，指出物体所受的浮力与排开水的体积有关，浮力的大小即排开水的重量。

1895年11月8日，伦琴正在实验室里从事阴极射线的实验工作，一个偶然事件引起了他的注意。当时，房间内一片漆黑，放电管也用黑纸包得严严实实，他突然发现在不超过一米远的小桌上有一块亚铂氰化钡做成的荧光屏发出闪光。伦琴立即意识到这可能是某种特殊的从来没有观察到的射线，它具有特别强的穿透力，于是立刻集中全部精力进行彻底的研究。几十年的精心实践培养出来的良好观察和判断能力练就了伦琴的直觉，使他在这一偶然现象出现的一瞬间就意识到这可能会是一项了不起的发现。机遇偏爱有准备的头脑，而直觉是有准备头脑的锐利武器。[①]伦琴拍摄的世界上第一幅X光照片如图6-4所示。

爱因斯坦曾向他的朋友叙述过自己创立狭义相对论的情景，"我躺在床上，对那个折磨我的谜（指对同时性的绝对性的怀疑）似乎毫无解答的希望，没有一丝光明。但黑暗里突然透出光亮，答案出现！于是我立即投入工作，继续奋斗了五个星期，写成《论动体的电动力学》论文，这几个星期里，我好像处在狂态里一样"。这里所谓"黑暗里突然透出光亮"实际上就是爱因斯坦在确立狭义相对论理论基础时的灵光一现，这种直觉根植于他对此问题多年的思考和揣摩，以及深厚的物理学功底。[①]

日本著名物理学家汤川秀树由于提出的介子假说被实验证实而获得诺贝尔物理学奖。他从小就对中国传统文化有浓厚的兴趣，认为其不仅有不同于西方的艺术特征，而且蕴含着能驾驭科学的智慧。老庄的思想曾在汤川秀树的物理学研究中起过重要作用，成为其创造力的源泉。他回忆20世纪50年代从事基

---

① 熊万杰，袁凤芳，温景立.中华传统文化中有关物理学以及方法论的知识.物理通报，2011（2）：85-88.

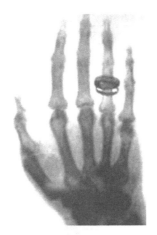

图 6-4　伦琴拍摄的世界上第一幅 X 光照片

本粒子研究时，突然想起庄子所讲的"倏和忽为浑沌凿七窍"的故事[①]，浑沌并不像倏和忽所臆想的那样需要七窍，业已形成的思维定势可能并不准确。由此联想到宇宙万物最基本的东西并无固定形式，它虽未分化，却具有能分化为一切基本粒子的可能性，于是汤川季树大胆提出了介子假说。当然汤川秀树的这种直觉也是在考察了许多实验事实，经过深思熟虑后产生的。

第三节　传统文化与类比方法

一、传统文化赏析

　　类比是中国传统文化中普遍存在和运用的思维方式。古人在文学创作中广

　　[①]《庄子·内篇·应帝王第七》中讲的一个寓言故事："南海之帝为倏，北海之帝为忽，中央之帝为浑沌。倏与忽时相与遇于浑沌之地，浑沌待之甚善。倏与忽谋报浑沌之德，曰：'人皆有七窍以视听食息，此独无有，尝试凿之。'日凿一窍，七日而浑沌死。"意思是说，倏和忽分别是南海、北海的帝王，而居中地区的帝王叫浑沌。倏和忽两人之间经常往来和相聚于浑沌的属地，浑沌总是热情款待他们，让他们甚为感动，总想着能快点报答浑沌的恩德。他们想："人都有七窍，即用两只眼睛来看、用两只耳朵来听、用一张嘴巴吃饭、用两个鼻孔呼吸，而唯独浑沌没有七窍，让我们来帮他凿出七窍来。"于是，他们每日凿出一个洞，七天后浑沌就被他们谋杀了。这里，"倏忽"寓意为迅疾，"浑沌"即混沌，倏和忽是急性子，只争朝夕，混沌则是浑然一体、难得糊涂。庄子用这个寓言故事来表达"顺其自然""清静无为"的理念。这同时也启示人们，行事应立足于客观规律和实际情况，而不能武断地局限于主观臆想和思维定势。

泛地运用了类比的方法，如唐代文学家刘禹锡（772—842）在其名作《陋室铭》（图6-5）中就将自己的住所与三国时期著名政治家诸葛亮的草庐和西汉末年著名学者杨雄的玄亭做类比，暗示陋室不陋，同时表达了作者以诸葛亮和杨雄作为自己的楷模，希望自己也能同他们一样拥有高尚的品德。现在让我们来重温这篇作品：

山不在高，有仙则名。水不在深，有龙则灵。斯是陋室，惟吾德馨。苔痕上阶绿，草色入帘青。谈笑有鸿儒，往来无白丁。可以调素琴，阅金经。无丝竹之乱耳，无案牍之劳形。南阳诸葛庐，西蜀子云亭。孔子云："何陋之有？"

图6-5　陋室铭

刘备"三顾茅庐"请诸葛亮出山的故事想必很多人都耳熟能详，而西汉末年的杨雄大家未必熟悉。杨雄（前53—18）字子云，西汉官吏、学者，是继司马相如之后西汉最著名的辞赋家，所谓"歇马独来寻故事，文章两汉愧杨雄"，由此可见其文采。杨雄曾撰《太玄》等，推崇玄学，是汉朝道家思想的继承和发展者，因此他的住所又称为"玄亭"。刘禹锡自比诸葛亮和杨雄，除表达自己以古代贤人自况的思想外，实际上还有另一层深意，表达自己处变不惊、处危不屈、坚守节操、荣辱从容的想法。诸葛亮是闲居卧龙草庐以待明主出山；而杨雄是淡泊功名富贵，潜心修学之士，虽官至上品，然他对官职的起起落落与金钱的淡泊，却是后世的典范。刘禹锡曾因参与改革弊政而受到打压和贬谪，在官场上起起落落，这篇《陋室铭》事实上想说明自己既不愿与世俗同流合污，又想逢明主一展抱负，若无明主，也甘于平淡的志向。

由此看来，在文学作品中运用类比方法，比平铺直叙更为含蓄而有意味。例如，李白就用"桃花潭水深千尺，不及汪伦送我情"将潭水之深与汪伦对他的感情之深做了类比；杜牧的"停车坐爱枫林晚，霜叶红于二月花"将霜叶之红与二月花之红做了类比；柳宗元的"千山鸟飞绝，万径人踪灭"通过对山上动物的隐匿和路上的人迹罕至进行类比，让冰雪的寒冷和环境的冷清跃然纸上……事实上，类比推理是一种能获得新知的创造性思维形式，在中国古代就备受重视并被广泛使用。例如，古文中有"譬如"一说，"譬"通"辟"，在《墨子》里是用一种众所周知的事物比拟另一种未知事物的推论过程，属于比喻推理，即比喻事物与被比喻事物之间具有推理的意义，相当于现在所说的比喻推理或喻证法，是类比推理的一种①。《墨子》第四十六篇《耕柱》中记载：

> 子墨子谓鲁阳文君曰：大国之攻小国，譬犹童子之为马也。童子之为马，足用而劳。今大国之攻小国也，攻者，农夫不得耕，妇人不得织，以守为事；攻人者，亦农夫不得耕，妇人不得织，以攻为事。故大国之攻小国也，譬犹童子之为马也。

大意为，墨子对鲁阳文君说："大国攻打小国，就像小孩以两手着地学马行。小孩学马行，足致劳累。现在大国攻打小国，防守的国家，农民不能耕地，妇人不能纺织，以防守为事；攻打的国家，农民也不能耕地，妇人也不能纺织，以攻打为事。所以大国攻打小国，就像小孩学马行一样。"这里将"大国攻打小国"与"童子之为马"做类比，从本意上讲这两者似乎风马牛不相及，但是其内在实质都是"使人劳累"，由此墨子形象生动地劝喻鲁阳文君"不战"，这是符合墨家"非攻"与"兼爱"的主张的。

与墨子的形象类比不同，孟子将天和人进行类比，以此来阐述"天人相通"的理念。孟子从"意志之天"出发认为君权的传授不是由君主私意决定的，而是由"天授之"，而"天授之"又是由"民授之"，即由人民的态度决定的。这是自春秋以来"重民"思想在天道观上的反映，《孟子·万章上》中所谓"天视自我民视，天听自我民听"，说的正是这个道理。此外，孟子不但承认"意志之天"，同时也承认"道德之天"或"义理之天"。他从"道德之天"出发，认为由"四端"，即"恻隐之心""羞恶之心""辞让之心"和"是非之心"扩充为人之善性——仁、义、礼、智"四德"；再由"四德"进化为"义理之天"或"道德之天"。在这里，孟子运用的同样是类比思维方法：人为什么要讲道德呢？因为天讲道德；人为什么要讲仁、义、礼、智"四德"呢？因为天有"四端"。①

类比方法在传统文化中屡见不鲜。《论语·公冶长》："赐也何敢望回？回也闻一以知十，赐也闻一以知二。"《论语·述而》："举一隅不以三隅反；则不复也。"《周易·系辞上》："引而伸之；触类而长之；天下之能事毕矣。"朱熹《朱子全书》："举一而三反；闻一而知十；乃学者用功之深；穷理之熟；然后能融会贯通；以至于此。"刘徽《九章算术》："事类相推，各有攸归，故枝条虽分而同本干者，知发其一端而已。"所谓"举一反三""触类旁通""闻一知十"，指的就是从一件事情类推而知道许多事情，或者说掌握了关于某一事物的知识，而推知同类中其他事物，体现的就是类比的思想。

在物理学中，类比方法是对事物和现象一种认知的方法，也是一种证明的工具。类比推理是许多物理学家发明创造的逻辑思维基础，也是科技创新、知识创新的一种重要的思维方法和认识工具。而类比方法在我国传统文化中的应用，一方面，是作为一种论辩的工具，主要是晓谕和说服他人，是论辩者对其政治理论价值的追求和目的的实现，具有人文性、价值性，当然这是由我国古代思想家对伦理政治极为关注的传统所决定的；另一方面，通过对事物、现象间的类同、类异关系的认知与联想，促进了古代中国在文学艺术方面的一种浪漫想象传统的形成。

二、物理学方法

类比方法是指根据同类事物有相同属性这一基本认识，把属于同一类的两个事物拿来比较，由一事物具有（或不具有）某种属性进而推知另一事物也具有（或不具有）某种属性。类比思维即依据事物的外部特征或内在属性进行比照与联系的思维方式。

归纳法是从特殊到一般的推理方法，演绎法是从一般到特殊的推理方法，与之不同的是，类比是从特殊到特殊或从一般到一般的一种推理方法。特别是在材料不足、难以进行归纳和演绎论证的情况下，类比不失为一种打开思路、由此及彼的认识途径。发现行星运行三定律的开普勒曾说："我珍视类比胜过任何别的东西，它是我最可信赖的老师。"此外，类比方法是进行科学预言、提出科学假设的一个重要手段。科学假设对推动物理学的发展进步起到了不可

---

① 谢国荣.类比：解读中国传统文化的钥匙.东方丛刊，2004（3）：102-116.

替代的作用。例如，当人们在探索微观世界和宇宙起源时对微观世界的模型和宇宙模型都是以假设的方式提出的，而这些假设的提出不是凭空臆造的，究其根源无不与类比方法有关。总结起来，可以用来类比的两种物质，要么具有简单的共存关系，如正负电荷和相异磁极之间的类比，它们都存在相互吸引力；要么具有可能存在的因果关系，如具有波动性的微观粒子和经典波类比，既然经典波有波动方程，微观粒子也应该有，这就是薛定谔方程；要么具有相似的函数关系，如光和物质波类比，它们的能量和波长公式具有相同的形式；要么具有对称关系，如负电子和正电子类比，它们分别具有正能量和负能量。

在人类迈入知识经济时代之际，知识创新需要创新思维，创新思维需要综合思维能力，这更需要富有想象力和创造力的类比方法。

三、实践与应用

物理学中，库仑力、德布罗意波和麦克斯韦方程组的发现都成功地运用了类比方法。库仑通过实验测得两带电小球之间的静电力与两球距离之间的关系与严格的平方反比关系是有偏差的，指数上的偏差达到了 0.04。但是，通过与万有引力规律的类比，库仑断定两小球的静电力是和它们间的距离的平方成反比的，并且确认电场力是与相互作用的两个带电体所带电量成正比，从而得出库仑定律。由于实验条件的限制及带电体本身存在漏电等问题，如果单靠实验精度的提高和数据的不断积累来得到严格的库仑定律形式，这个过程可能会很漫长。

粒子波动性的提出是德布罗意将光学现象与力学现象做了科学的类比后提出的一种假说。考虑到光的运动服从最短路程原理即费马原理，而经典力学中质点的运动遵循力学的最小作用量原理[①]，而这两个原理具有相似的数学表达式和思想内核。基于以上类比，德布罗意大胆推论，粒子应该和光一样也具有波粒二象性。既然粒子也具有波动性，那么这种波动就成为物质波，也称为德布罗意波。德布罗意的科学预言于 1927 年被电子衍射实验证实。

麦克斯韦也是用类比方法获得了建立电磁理论的关键性突破——位移电流。关于类比方法，他曾经写道："为了采用某种物理理论而获得物理思想，我们应当了解物理相似性的存在。所谓物理相似性，我指的是在一门科学的定律和另一门科学的定律之间的局部类似。利用这种局部类似可以用其中之一说明其中之二。"根据法拉第电磁感应定律，磁场随时间的变化必定在其周围产

---

① 即在物体一切可能的物理行为中，其实际的行为一定是作用量最小的那个行为。

生电场。通过电和磁的类比，麦克斯韦提出了变化电场可在周围激发磁场的假设，从而引入了位移电流的概念。这是电磁波产生的必要条件，也是麦克斯韦能完整、自洽地建立描写电磁场变化规律方程组的关键。

第四节　传统文化与极限推导法

一、传统文化赏析

正如第五章第一节中所阐述的那样，春秋战国时期的墨家、道家及名家都对极限思想有了自己的主张和见解，并做了详尽的阐述。在此基础上，极限思想有了广泛的应用，为我国数学处于世界同期领先水平立下了汗马功劳。例如，公元 3 世纪左右，魏晋时期数学家刘徽（约 225—295）在《九章算术》中运用极限思想计算了圆的面积，即割圆术；此外，刘徽还运用极限的思想推出刘徽原理，为求多面体的体积奠定了理论基础；随后，公元 5 世纪左右，南北朝时期杰出的数学家祖冲之（429—500）在刘徽开创的探索圆周率的精确方法的基础上，进一步深入运用极限思想，首次将圆周率精算到小数第七位，即在 3.1415926 和 3.1415927 之间……到了清朝，著名的数学家、天文学家李善兰在《方园阐幽》中运用极限思想，发明了尖锥术，得出了一些重要的积分公式、二次平方根及三角函数的幂级数展开式等。

极限思想在古代人文领域也有运用，如据《庄子·齐物论》记载：

古之人，其知有所至矣。恶乎至？有以为未始有物者，至矣，尽矣，不可以加矣！其次以为有物矣，而未始有封也。其次以为有封焉，而未始有是非也。是非之彰也，道之所以亏也。道之所以亏，爱之所以成。果且有成与亏乎哉？果且无成与亏乎哉？

按照当代著名作家王蒙先生对这段话的解释，古代也有绝顶的认知、极限的认知，叫作往源头想，溯其本而求其源。他们思考到未曾有物的原初时分，思考到物的原初性与原初的虚无性。到头了，到了终极啦。无法再上溯，无法再往前走啦。然后知道有物了，但还不去分你我彼此。再往后知道你我彼此了，却还不去分别是与非。一争执是非，是是非非一明显，一脱离了源头，脱离了极限性思维，大道也就被人们背离和毁损了。大道一背离和毁损，爱仇是非也就出来了。究竟世上的事物有什么成就与亏损的区分吗？还是根本就没有成就与亏损的区分呢？①

这里面庄子所运用的极限认知、极限性思维，就是把人们对事物的具体认识一直往前面、往事物的起源这个最终极的情况去推导，无非是三种情况：一是认为整个宇宙从一开始就不存在什么具体的事物；二是认为宇宙之始是存在事物的，可是万事万物从不曾有过区分和界线；三是认为万事万物虽有这样那样的区别，但是却不曾有过是与非的不同。对于事物的源头而言，无论是这三种极限情况中的哪一种，都没有是是非非的争论。因此，只要有极限思维，从源头上去想，社会各阶层、三教九流各派也就没有必要对天下万物作不同的评论了，这就是"齐物论"和"非争论"，这与道家"无为而治"的主张是吻合的。

如果说上面这个例子大家觉得有些不熟悉，那么下面这部文学作品大家可能并不陌生，那就是《滕王阁序》，其作者是初唐四杰之一的王勃，这是他14岁时写就的。下面摘录其中的写景部分：

披绣闼（tà），俯雕甍（méng），山原旷其盈视，川泽纡（yū）其骇瞩。闾阎扑地，钟鸣鼎食之家；舸舰迷津，青雀黄龙之舳。云销雨霁，彩彻区明。落霞与孤鹜齐飞，秋水共长天一色。渔舟唱晚，响穷彭蠡（lí）之滨；雁阵惊寒，声断衡阳之浦。

大意为：披开雕花的阁门，俯视彩饰的屋脊，山峰平原尽收眼底，湖川曲折令人惊讶。遍地是里巷宅舍，许多钟鸣鼎食的富贵人家。舸舰塞满了渡口，尽是雕上了青雀黄龙花纹的大船。正值雨过天晴，虹消云散，阳光朗煦，落霞与孤单的野鸭一起飞翔，秋水和长天连成一片（图6-6）。傍晚渔舟中传出的歌声，响彻彭蠡湖滨，雁群感到寒意而发出惊叫，鸣声到衡阳之浦为止。

图6-6 落霞与孤鹜齐飞，秋水共长天一色

① 王蒙.庄子的享受.合肥：安徽教育出版社，2010：123.

这里面的"落霞与孤鹜齐飞，秋水共长天一色"，已成千古名句。作者以落霞、孤鹜、秋水和长天四个景象描绘了一幅色彩协调、动静搭配的彩色图画，背影是碧水连天，绚丽的晚霞映照在碧绿的江水中，江渚之上，几只灰白色的野鸭时翔时集，是沉醉于秋江晚景不愿栖息，还是顾影自怜别有期待？"落霞与孤鹜齐飞"作为一种发现、一种定格，将静中之动、寂中之欢着笔于大自然的意妙、博远、浩渺，通过彩霞飞缕、孤鹜争翅，表达经纬交错相携、明暗暖冷相加、色彩明丽流动变幻的万千气象。"秋水共长天一色"，则描绘了碧水与远天相融合，水天因色彩接近而界限模糊的景象。先把视线引领至水天相接之处，再从天水相接返回，塔楼上下浑然一体，揭示了大自然的原色与永恒。这已是人的视线所及最远的地方了，天地悠悠的无限空间的意象已尽在胸间。天上布满晚霞，天空中一只野鸭飞过。秋天的水与广阔的天空相接，呈现出同一种颜色，组成了一幅天地浑然一体的波澜壮阔的画面。[①]

这里面的极限思维已经很明显了，否则，怎会有孤鹜和落霞一起飞？无非是把孤鹜所在的地方向着极限推演，那里正有落霞。否则，怎会有秋水和长天共一色？无非是把秋水延伸的长度向着极限推演，那里正是天空。当然，实际情况不是如此，作者所描述的是视觉效果。在辽阔而浩渺的景色背景下，孤鹜和秋水看起来都比较远，这里把"远"的概念发挥到了极致，这就将两类看似没有关系的孤鹜与落霞、秋水和长天融合在了一起，有相辅相成、相得益彰之妙。

二、物理学方法

极限是数学中由常量到变量、有限到无限、近似到精确思想转变的重要概念。物理极限思维，简言之，就是在假设的前提下，物理事物维持在一个特定规律下运行所做的推论。比如，地球是球形的，选取某一个地点，沿着向南的方向一直往前走，最终会回到原点，这就是一个极限的思维。

具体而言，如果两个量在某一空间的变化关系为单调上升或单调下降的函数关系（如因变量与自变量成正比的关系），那么，连续地改变其中一个量总可以使其变化在该区间达到极点或极限。在这种情况下，把所思考的问题及其条件进行理想化假设，当假设被一步步地推到极端时，问题的实质就会水落石

① http://3y.uu456.com/bp-b7b61216866fb84ae4sc8dc0-1.html.2015-06-12.

出。或者说由已知的实验（或过程）根据连续性原理，把研究对象或过程外推到理想的极限值加以考虑，即把连续的变化推想到极大或极小的情形，使主要因素或问题的本质暴露出来，从而得出规律性的认识或正确的判断。

极限思维是一种常用的科学方法和研究方法，这种研究思想对解决物理问题有极其重要的意义，利用极限思维法分析问题往往能独辟蹊径、化繁为简、化难为易，迅速找到问题的切入点。但是值得指出的是，极限思维法只有在物理过程发生连续变化存在理想的极限值或临界值的情况下才可以使用。若物理过程的变化并非都是连续的，在处理实际问题时要具体情况具体分析，绝不能不顾条件生搬硬套。也就是说，运用极限推导法要保证推导的前提假设正确，否则可能会得出错误的结论。比如说，一个物体的运动，刚开始速度为零，后来逐渐增加，运用极限推导法，可以认为最后物体的速度会增加到无穷大。但是如果速度不是单调变化的，那就不能满足原来的假设条件了，因此也不能得到速度会达到无限大的推论。

三、实践与应用

极限推导法是一种很重要的物理学方法，意大利物理学家伽利略就是运用了这种方法，推翻了"力是维持物体运动原因"的错误观点。这标志着经典物理学的开端，并为牛顿后来总结出惯性定律打下了坚实的基础。下面让我们来重现伽利略是如何运用极限推导法来得出"力是改变物体运动的原因"结论。

伽利略之前，人们认为"力是维持物体运动的原因"。例如，如果一个人手中拿着一块石头，然后将手松开，石头就会下落。之前人们的解释是——重的东西有回到地球的倾向。根据人们的生活经验，一个人推一个球在水平面上向前滚动，球动了，并且会继续滚动一会儿，然后才静止不动。推得重，球就多走些；推得轻，球就早些停住。因此亚里士多德认为，如果推动的力不再作用的话，运动的物体早晚要停止不动。

为澄清这个问题，伽利略设计出了一个极限推导的理想实验：如图 6-7 所示，先让小球沿左侧斜面滚下来，小球将滚上右侧的另一斜面。假设摩擦力小到可以忽略时，由于惯性的作用，小球可以滚到另一个斜面上同样的高度 [图 6-7(a)]。同样的道理，如果将右侧的斜面逐渐延长，小球仍然能滚到同样的高度 [图 6-7(b)]。那么，如果把右侧的斜面推导至极限，也就是延伸为一条永无止境的平面时，小球具有升到与左侧斜面同样高度的能力，现在它在平面上滚动，理论上将永远地滚动下去 [图 6-7(c)]。总结上述理想实验结果，伽利略认为："一个物体在一定的方向上水平运动，假如没有外力来改变它的运动状态，它将以匀速继续运动。"而实际生活中人们发现球并没有永远运动下去，那是因为受到了摩擦力的作用，也就是说，摩擦力的作用实际上并不能够忽略不计。这样一来，亚里士多德千百年来被人们所认定的"真理"终于在伽利略极限假设思维面前彻底崩溃了。

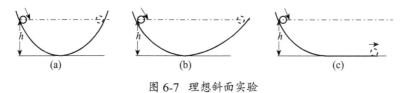

图 6-7　理想斜面实验

对于重物下落的问题，伽利略也在运用极限推导法分析时有了加速度的概念。重的物体在下落过程中，物体获得速度，速度随着下落距离的加大而不断加大，但物体下落的距离与速度增加的关系到底如何呢？由于重物下落的速度太快，在当时的条件下不容易准确测定它的速度值。伽利略转念一想，既然竖直下落速度过快，有没有速度慢一点的情况？有，比如球在斜面上向下滚动。而自由落体就是这种斜面运动的特例——斜面的倾斜角正好等于 90° 而已。于是，他研究了不同倾角时速度的变化情况，发现倾角越小，速度变化越慢；角的大小次序和速度变化快慢的次序是对应的。当他发现倾斜角的大小与速度变化快慢之间的联系时，加速度便成为最重要的事实了。

此外，物理学中理想气体模型也是极限推导方法的应用。气体分子之间的距离达到了分子直径的 10 倍以上，分子间的作用力非常小，已经不是构成气体压强等物理量的主要因素了，于是极限推导为分子间没有作用力，分子大小可忽略不计而视为质点。在此基础上，结合分子间及分子与容器壁之间的完全弹性碰撞（没有能量损耗）形成理想气体模型。根据这一模型，可以分析形成气体系统的压强、温度的物理原因，并得到理想气体的状态方程。不过，理想气体因没有考虑分子间的作用力，是一种永久气体，不会液化成液体（液体分子间作用力才使之形成液体）。后来，荷兰物理学家范德瓦尔斯考虑了分子尺度与分子间作用力的影响，对理想气体状态方程进行了修正，得到了范德瓦尔斯方程，据此就可以分析气体系统的相变现象了。

参考文献

班固．1996．汉书．郑州：中州古籍出版社．

白欣，王洛印．2013．杨惟德及其科学成就述评．自然科学史研究，32(2)：203-213．

曹天元．2016．上帝掷骰子吗？量子物理史话．北京：北京联合出版公司．

陈彩虹．2011．论杠杆原理在体育实践中的应用．湘潭师范学院学报，26(6)：74-76．

程小备．2016．新型摩擦纳米发电机．能源与节能，127(4)：43-45．

戴念祖．2014．诗词与物理同行．物理，43(10)：693-697．

戴念祖，刘树勇．2006．中国物理学史（古代卷）．南宁：广西教育出版社．

戴念祖，张蔚河．1997．中国古代物理学．北京：商务印书馆．

范晔．2004．后汉书．李虎，等译．西安：三秦出版社．

傅佩荣．2012．究竟真实：傅佩荣谈老子．北京：东方出版社．

古诗文网．http://www.gushiwen.org/.

郭奕玲，沈慧君．1993．物理学史．北京：清华大学出版社．

何宁．1998．淮南子集释．北京：中华书局．

何祚麻．1999．从元气学说到粒子物理．长沙：湖南教育出版社．

洪迈．1981．夷坚志．何卓，点校．北京：中华书局．

黄晖．1990．论衡校释．北京：中华书局．

黄伟民．1999．布朗运动理论向金融经济领域的延拓．大学物理，18(1)：41-43．

李明珠．2008．《庄子》"见独"的视野及其价值再思考．学术研究，(11)：28-32．

李湘黔．2013．中国民间文化与物理趣味．成都：西南交通大学出版社．

刘霖．2007．论推类与传统类比推理．当代教育理论与实践，29(1)：1-3．

刘立夫．2013．禅宗顿悟说的认识论解读．哲学研究，(2)：47-53．

罗发海，程民治．2006．"道"与现代物理学．合肥：安徽大学出版社．

马文蔚．2002．物理学教程．北京：高等教育出版社．

倪光炯，王炎森．2015．物理与文化（第三版）．北京：高等教育出版社．

牛生杰，陆春松，吕晶晶，等．2016．近年来中国雾研究进展．气象科技进展，6(2)：
　　6-19．

潘翠萍．1991．表面张力在生活现象中的应用实例．物理教学，(6)：5-8．

潘克旺，闫松章．2004．乒乓球运动中上旋球与弧圈球的力学原理．潍坊教育学报，
　　17(4)：22-23．

沈致远. 2008. 科学是大众的. 上海: 上海教育出版社.

宋峰. 2013. 文科物理——生活中的物理学. 北京: 科学出版社.

沈括. 梦溪笔谈. 唐俐, 注译. 2007. 武汉: 崇文书局.

谭戒甫. 1981. 墨经分类译注. 北京: 中华书局.

汪珍如. 1986. 超新星遗迹. 科学, 38 (3): 170-175.

王蒙. 2010. 庄子的享受. 合肥: 安徽教育出版社.

魏克微, 李德山. 2002. 二十五史成语典故. 长春: 吉林人民出版社.

习岗. 2008. 大学基础物理学. 北京: 高等教育出版社.

肖胜利, 朱锋, 郑好望. 2006. 克尔效应与光开关. 现代物理知识, 18(1): 9.

谢国荣. 2004. 类比: 解读中国传统文化的钥匙. 东方丛刊, (3): 102-116.

熊万杰. 2009. 将中华传统文化思想融入大学物理教学之初探. 物理与工程, (2): 37-40.

熊万杰, 戴占海, 郭子政. 2012. 关于古文名句融入物理教学的思考. 物理通报, (10): 117-120.

熊万杰, 袁凤芳, 温景立. 2011. 中华传统文化中有关物理学以及方法论的知识. 物理通报, (2): 85-88.

徐有富. 2007. 第十五讲 诗的共鸣. 古典文学知识, 5: 68-77.

许龙道, 等. 2004. 物理学词典. 北京: 科学出版社.

言经柳. 1999. 布朗粒子的运动及其应用. 广西师范大学学报 (自然科学版), 17(3): 18-22.

曾谨言. 2001. 量子力学 (卷 I) (第三版). 北京: 科学出版社.

张富祥. 2004. 韩非子解读. 济南: 泰山出版社.

赵斌. 2016. 物理思维十七法. 物理教学, 38(9): 51-56.

赵凯华. 2004. 新概念物理教程——光学. 北京: 高等教育出版社.

赵凯华. 2005. 物理学照亮世界. 北京: 北京大学出版社.

赵凯华, 陈熙谋. 2003. 新概念物理教程——电磁学. 北京: 高等教育出版社.

赵凯华, 罗蔚茵. 1998. 新概念物理教程——热学. 北京: 高等教育出版社.

赵凯华, 罗蔚茵. 2001. 新概念物理教程——量子物理. 北京: 高等教育出版社.

赵凯华, 罗蔚茵. 2004. 新概念物理教程——力学 (第二版). 北京: 高等教育出版社.

赵黎英. 2008. "紫烟", 紫烟乎. 黑龙江教育·小学文选, (6): 13-14.

朱鋐雄. 2008. 物理学方法概论. 北京: 清华大学出版社.

朱清时. 2015. 量子意识——现代科学与佛学的交汇处? http://chuansong.me/n/1746052.

周才珠, 齐瑞端, 译注. 墨子全译 (修订版). 贵阳: 贵州人民出版社, 2009

保罗·休伊特. 概念物理 (第 11 版). 舒小林译. 北京: 机械工业出版社.

阿特·霍布森. 物理学的概念与文化素养 (第四版). 秦克诚, 刘培森, 周国荣译. 北京: 高等教育出版社.

后 记
POSTSCRIPT

　　当前，传承与发扬我国优秀传统文化已蔚然成风；每个公民都应该具有一定的文化素养和人文情怀，已成社会共识。我从小受到传统文化的熏陶，喜爱文学，随着年龄的增长，这种热爱之情历久弥深。也许是中华传统文化本身的魅力深深吸引了我，每每找到一本好书，我总是如获至宝、认真阅读，文学素养日渐提升，这为本书的写作打下了坚实的基础。

　　物理学是自然科学的基础学科，理工农医类的许多分支学科都是以物理学原理作为基础理论的。我大学读的是物理学专业，对物理学有一定的了解；后来又在博士研究生阶段开展了凝聚态物理研究，获得了科学研究的初步体验。基于这些学习经历和学术背景，我在阅读传统文化书籍时，就会不自觉地从物理学的角度来分析其中所描述的一些现象和思想；在物理教学过程中，又不自觉地从传统文化的角度来理解一些物理学知识和方法。在十几年的教学经历中，这种文理交融的尝试受到了青年学生的欢迎，我也乐此不疲。可以说，本书的许多素材就来自于我在物理课堂上的教学灵感。

　　本书对一些物理学原理的阐释从分子运动和原子结构出发，力争让读者在知其然的同时还能知其所以然。另外，物理学是人类在认识自然规律和生产实践活动中产生和发展的，所谓"从哪儿来，到哪儿去"，本书比较注重物理学知识在人们生活实践中的应用。物理学知识具有系统性和逻辑性，然而，我们对物理学与传统文化融合方面的素材挖掘和资料收集并没有形成系统性，因此采用了选讲的形式予以编排。此外，文字描述、物理图像和数学公式是物理语言的"三驾马车"，在本书的写作中我们尽量不用公式，并不表示公式在物理学中不重要，只能说，公式在科普书中并不是不可或缺的。值得指出的是，尽管如书中所展示的那样，传统文化与物理学存在千丝万缕的联系，但又有着显而易见的区别：文化可以表情达意，而物理学则不带任何感情色彩；文化以定性描述为主，而物理学定量分析不可缺少；文化中的诗词等内容属于文学艺术，可以采用夸张、比喻等多种修饰手法；而物理学是科学，必须实事求是……尽管如此，本书运用传统文化来印证、阐释和理解物理学知识和方法，是一种有益的尝试。而从现代物理学的角度认知、分析和审视传统文化，又有助于取其精华、去其糟粕，增强人们继承和发扬优秀传统文化的自觉性。

"纸上得来终觉浅，绝知此事要躬行"，知识是无限的，而人的精力和能力是有限的。尽管我对本课题关注多年，又有师长、好友、学生的协助，但本书内容的跨度大，写作起来常有力不从心之感。不过，有为科普事业添砖加瓦的信念，有为科学与文化的融合抛砖引玉的心态，有编辑老师的鼓励与推动，有家人的理解与支持，我仍然能够心情舒畅地一路前行。我的妻子和兄长非常关心写作进展，他们阅读了书稿，提出一些有益的建议。本书首先要献给我的父母，他们对我的影响是潜移默化的，让我从小就受到文学和文化的熏陶。这本书也要送给我的女儿，希望她也热爱文化和科学，做一个全面发展的人。

最后，录入我两年多前写的一首小诗《早春》，作为本书的结尾：

一径幽香风拂面，
满园樱花眼前现。
嫩绿草海芳菲嵌，
鹅黄新芽枝头窜。
勃发生机卷大地，
更迭气象涌人间。
青春岁月正当年，
拼搏征程再扬帆。

熊万杰

2017 年 5 月 16 日